KB242547

식습관 및 보조제의 필요성

KCST 한국학술정보㈜

태권도 경기를 위한
식습관 및 보조제의 필요성

김 지 현 著

정신적, 육체적으로 건강한 삶을 위해서는 자신 스스로 관리의식을 가지고 있어야 합니다. 특히 자신의 생활습관 및 식습관 가운데 건강을 해치는 원인이 무엇인지, 무의식적으로 반복되어지는 행동 중 나쁜 습관은 무엇인지 분명히 판단할 수 있는 것이 중요하며, 특히 질환이나 특정한 목적으로 인해 정기적으로 건강을 체크해야 하는 경우에는 더욱 뚜렷해야 합니다.

운동선수들의 경우에는 자신이 속한 종목에 대한 우승의 목적을 가지고 개인 혹은 팀으로 반복되는 훈련을 해야 하므로 개인의 특성에 맞는 적절한 식사구성 및 훈련을 위해 스스로의 관리의식을 가질 필요성이 있습니다. 이는 특히 경기력을 향상시키기 위해서뿐 아니라 자신이 속한 팀의 승패와 직결되는 요소이므로 선수로서의 삶을 살아가는 동안에는 무조건적입니다.

그러나 몇몇 선수를 제외하고 대부분의 선수들은 자신의 상태를 스스로 파악하지 못하고 있는 실정이며, 체계적인 단계를 거쳐서 과학적으로 관리하기 보다는 특정한 목표에 대한 결과를 빨리 얻고자 단발적인 효과를 얻는 방법을 선택하는 경우가 많습니다.

시합을 대비한 고강도의 훈련, 반복 되는 시합 출전, 훈련으로 인한 체력소모 및 스트레스를 회복하기 위해서는 선수뿐 아니라, 지도자들의 끊임없는 관리개발을 위하 노력이 절실히 요구됩니다. 특히 시합 준비기와 휴식기의 컨디션 조절과 더불어 운동수행 능력을 증가시키기 위한 선수들의 개인차를 고려한 관리가 필요합니다.

이를 위해서는 무엇보다 선수들과 일선 지도자들이 이해하기 쉽도록 영양정보 및 관리방법에 대하여 정보 제공하는 것이 중요하며, 실질적으로 신수들의 권장량에 맞는 식이섭취량 조절방법 및 그에 대한 정보를 공유해야 합니다. 더 나아가 체계적인 영양관리 시스템을 통하여 선수들의 경기력 향상 및 체력 증가뿐만 아니라 심리적 안정과 훈련 후의 피로를 감소시키기 위한 충분한 영양섭취 방법을 제시하여 권장함으로서 경기 전, 후의 영양소 섭취상태를 정기적으로 체크하여 꾸준히 관리해주는 것이 더 중요할 것입니다.

특히 체중감량이 불가피한 체급경기 선수들에게는 더욱 필요하며, 이러한 체계적인 관리는 선수들 개개인이 가지고 있는 최대 기량을 발휘할 수 있게 하는 원동력이 될 것입니다.

본 교재는 운동영양학의 기초학문을 바탕으로 태권도 선수들을 임상 실험하여 데이터를 분석한 결과이며, 본서 도입부분에는 질병 예방 및 체중조절을 위한 올바른 식습관 개선 방법에 초점을 두어 쉽게 이해할 수 있도록 구성하였습니다. 특히 최근 들어 다양한 건강보조식품들이 쏟아져 나오면서 그 종류와 섭취에 대한 관심이 높아지고 있어 평소 운동에 필요한 에너지 공급에 적절한 식사를 하고 있는 경우는 예외일 수 있으나, 불규칙한 식사패턴으로 충분한 영양을 공급받지 못하는 상태라면 운동을 위한 에너지 공급을 건강기능식품으로라도 보충해야할 필요성이 있으므로 적절한 선택 방법에 대하여 간단하게 서술하였습니다.

부족하나마 운동과 영양에 관심이 있는 분들을 위해, 특히 운동 선수를 지도하고 있는 지도자들과 선수들 자신 스스로 관리하는 데에 유용하게 활용할 수 있기를 바랍니다.

이 책이 완성되도록 지원해주신 (주)해즈인터내셔널, 경희대학교 부설 임상영양연구소 및 여러모로 애써주신 한국학술정보(주) 출판사업부 여러분과 그 외 모든 분들께 감사드립니다.

2007년 4월　김지현

PART 1

PART 2

Chapter 1. LITERATURE REVIEW / 41

Chapter 2. 대학 태권도 선수에서 시합 준비기 12주간의 영양소 섭취
상태 및 체중감량 실태조사 / 63

LIST OF TABLES

LIST OF FIGURES

AP	Average power
BCAA	Branched-chain amino acid
BUN	Blood urea nitrogen
CI	Chloride
EAA	Essential amino acid
ER	Endurance ratio
FFA	Free fatty acid
FSG	Full supplemented group
HDL-C	High density lipoprotein cholesterol
HSG	Half supplemented group
K	Potassium
LBM	Lean body mass
LDL-C	Low density lipoprotein cholesterol
LEP	Leg extension power
MAnP	Maximum anaerobic power
MDA	Malondialdehyde
Na	Sodium
NEAA	Nonessential amino acid
PSG	Placebo supplemented group
PT	Peak torque
RDA	Recommended dietary allowances
SOD	Superoxide dismutase
TC	Total cholesterol
TG	Triglyceride
TPx	Thioredoxin peroxidase
TW	Total work
TWS	Total work set
UUN	Urine urea nitrogen

PART 1.

Ⅰ. Known & Unknown

"건강" 요즘 한창 웰빙바람이 불면서 화두가 되고 있는 단어다. 그러나 정작 자신의 건강에 대해 얼마나 생각하며 살고 있는가를 먼저 생각해 봐야 하지 않을까? 웰빙바람에 들썩이지 않으며 진정 건강한 삶을 원하는 이들을 위해 이제부터 어렵지 않은 방법 몇 가지를 제안하려 한다.

대부분의 사람들은 하루 일과를 떠올리며 해야 할 일들에 대해 우선 순위를 정하여 주어진 시간 동안 어떻게 할 것인가를 생각한다. 어떤 일이든 몸으로 행하기 전에 잠깐이나마 한 번쯤 자신의 행동에 대해 생각해 보는 것은 좋은 습관이다. 그러나 사람들의 일상은 평생 살아가면서 끊임없이 반복되는 일에 대해서는 생각하기 싫어하며 그냥 해오던 습관대로 해버리기 일쑤다. 하지만 일상적으로 반복되는 사소한 습관에 대한 의식 변화가 건강한 삶의 비결이라는 것을 기억해야 한다.

건강에 좋은 음식, 건강에 좋은 운동, 마음만 먹으면 쉽게 알 수 있는 정보의 홍수 속에서 정작 최소한의 건강을 위해 기본적으로 알아야 할 기초상식과 꼭 지켜야 할 것에 대해서는 간과하고 있지는 않은가? 좋은 음식을 선택하여 먹기 전에 왜 선택해야 하며 선택할 때 어떻게 선택을 하는 것이 바람직한 것인지 너무나도 당연한 기초상식과 지켜야 할 것들에 대해 짚고 넘어가야 할 것이다.

1) 음식점과 음식을 선택하는 기준

저마다 종사하는 직업이 다르고, 환경이 달라도 모든 사람이 거의 동일하게 하는 것 하나가 바로 먹는 일, 바로 식사이다. 가정에서는 아이들 도시락, 라면, 아침과 저녁식사에 대한 주부들의 고민거리로, 직정에서는 바쁜 일과 중 유일한 낙(樂)이 될 수 있는 즐거움거리로, 학생들에게는 친구들과 어울리는 교제거리로, 또한 질병을 가지고 생활하는 사람들에게는 치료의 목적으로 이루어지는 식사시간을 어떠한 음식을 선택하며 음식에 대하여 어떠한 생각으로 섭취하고 있는가?

음식점에 가면 메뉴판에 적혀 있는 수많은 음식 중 무엇을 먹을까 선택할 때 가장 먼저 생각하는 것은 무엇인지 생각해 보자. 시간이 없어 빨리 만들어질 음식을 고르는가? 아니면 질보다는 양으로 승부하는가? 그도 아니면 값싸고 배부를 수 있는 음식을 선택하는가?

음식점을 들어가기 전부터 시작된 갈등은 음식점을 선택하여 메뉴를 고르고 먹을 때까지 계속 이어진다. 하지만 가장 중요한 것은 '어떤 음식을 먹을까, 어떤 음식점을 갈까?'가 중요한 것이 아니라 '내 몸에 맞는 음식이 무엇인가, 내 건강을 생각하여 내가 선택하는 음식이 과연 어떠한 영양소를 가지고 있으며 내 몸에 어떠한 영향을 주는가'를 생각해야 한다. 즉 이러한 본질적인 것을 생각하는 것 자체가 우선적으로 행해야 할 과제이며, 궁극적으로 이러한 생각을 먼저 하는 것이 올바른 식습관을 형성하기 위해 필수적인 것이다. 어떠한 음식을 선택하든지 음식 속에 들어 있는 영양소의 균형이 적절하고, 나에게 적합한 열량을 제공한다면 그것은 아주 이상적인 선택이었다고 볼 수 있을 것이다.

2) 이상적인 영양 섭취

이상적인 영양 섭취란, 1일 활동대사량, 안정 시 대사량을 고려하여 연령별, 성별로 1일 섭취량을 섭취하되, 각 영양소별 1일 섭취권장량(Recommended Daily Allowance, RDA)을 참고하여 모든 영양소의 균형을 이루는 것을 의미한다. 섭취량은 신장과 체중, 성별에 따라 다르지만 보통 성인 남자의 1일 섭취권장량은 2,500~2,700kcal, 여자는 2,000~2,300kcal이다. 그러나 더욱 중요한 것은 1일 섭취량 속에 영양소의 균형이 얼마나 잘 이루어졌는가이며 질병을 가지고 있는 사람에 대해서는 특히 치료 및 회복과 관련하여 매우 중요한 요인이 될 수 있으므로 영양소의 균형은 선택이 아니라 필수이다.

영양소는 크게 탄수화물, 단백질, 지방, 비타민, 무기질, 수분으로 6대 영양소로 분류되며, 체내에 어떻게 사용되느냐에 따라 탄수화물, 단백질, 지방은 에너지원으로, 비타민, 무기질은 체내 에너지원 대사 시 보조적인 역할을 한다. 수분 또한 우리 몸의 60% 이상을 구성하고 있는 중요한 성분이다. 이들 영양소 중 어느 것 하나 부족하거나 과잉으로 섭취하게 되면 외부적인 신체 증상으로 나타나게 되는 것이다.

에너지원(탄수화물, 지방, 단백질) 중심으로만 음식을 섭취할 경우, 우리 몸은 사용하고 남은 에너지원에 대해서 지방으로 전환시켜 체지방으로 저장해두는 성질이 있다. 따라서 에너지원으로 사용되는 에너지 대사 시 대사 작용을 돕는 비타민과 무기질의 섭취를 함께 해주는 것이 바람직한 것이다. 특히 비타민 B복합체와 다량 무기질인 칼슘과 철분 등은 신경전달물질을 형성, 근수축과 조혈작용에 관련되어 사용되며, 비타민 A, C, E는 유리기로 인한 세포손상을 막아주는 항산화제로서 없어서는 안 될 필요한 보조 영양소로 작용한다. 이러한 이유로 음식을 섭취할 때는 골고루 균형 있게 섭취하는 것을 권장하는 것이다.

3) 체중조절의 키워드는 대사량

운동과 음식의 관계는 서로에게 이익을 주고받는 상리공생 관계이다. 운동과 음식 어느 한쪽만을 잘 지킨다는 것만으로는 우리가 살아가면서 평생 추구하고자 하는 건강을 유지할 수 없기 때문이다.

대다수의 사람들은 건강하기 위해서는 운동을 해야 하고, 또한 먹는 것도 잘 먹어야 한다고 말한다. 이러한 것들은 너무나 당연한 것이며 너무나 잘 알고 있는 사실들이다. 그러나 사람들은 너무나 당연하게 잘 알고 있음에도 불구하고 음식은 음식대로, 운동은 운동대로 따로 하는 경우가 많다. 우리 몸은 건강하기 위한 목적에 앞서 살아 숨 쉬고 생명을 유지하기 위해 끊임없이 움직여야 하고 또한 끊임없이 먹어야 한다. 결국 사람이 최소한 생명유지를 위해서 하는 것들은 살아 숨 쉬는 동안 건강한 삶을 살기 위한 노력인 것이다.

그렇다면 이렇듯 너무나도 당연한 이론을 몸소 행하여 실천하는 사람은 몇이나 될까? 몸짱이 되기 위한 근육 만들기나 좋은 음식 고르기는 나중에 생각해도 상관없으나 대부분의 사람들은 효과가 나타나는 결과에 대해서만 귀담아 듣는다. 왜 좋은지, 어떠한 작용으로 우리 몸에 유익한지 이론적인 면에 대해서는 궁금해 하지도 않을 뿐더러 알려고 하지 않는다. 이는 결과적으로 볼 때 운동이든 음식이든 실질적인 효과를 얻지 못하는 원인이 될 수 있다. 따라서 기본적으로 알고 있어야 하는 대사과정 및 건강을 유지하기 위한 이론적 방법에 대해 알고 넘어가야 할 것이다.

기본적으로 체내 대사량은 크게 2가지 형태로 기초대사량과 활동(운동)대사량으로 나뉜다. 여기서 대사란 쉽게 표현하면 우리 몸의 에너지원(열량)이 얼마만큼 사용되는가를 나타내는 지표로서 우리 몸속의 기관들이 움직이는 데 쓰이는 에너지원을 말하며, 마른 체형의 사람이나 운동선수들이 대부분 기초대사량이 높다.

대사량은 성별, 연령별, 체형별로 개인마다 다르다. 대부분 마른 체형의 사람일수록 기초대사량이 높긴 하지만 마른 체형이더라도 기초대사량이 낮고 체지방량이 많은 마른형 비만인 경우도 있다. 따라서 체지방량, 근육량이 많은 사람이 기초대사량이 높다고 할 수 있다.

기초대사량은 비만에 가까워질수록 낮아지며, 또한 연령이 높아지면서 낮아진다. 특히 여성들이 20세 후반, 30세로 접어들면서부터 예전보다 특별히 많이 먹지도 않는데 살이 찐다는 '나잇살'의 개념도 기초대사량의 감소로부터 기인된다고 할 수 있다. 그러나 이러한 요인들은 작은 행동의 변화, 즉 실천을 통해 조절이 가능하며, 예전의 기초대사량으로 되돌릴 수 있을 뿐 아니라 오히려 예전보다 더 높일 수도 있다. 따라서 비만을 예방하기 위해서라도 기초대사량을 증가시켜야 하는데 여기서 기초대사량을 증가시키기 위한 방법 3가지를 제안하려 한다.

① 나의 식습관부터 파악할 것

자신의 식습관을 파악할 때 크게 2가지로 나뉜다. 첫 번째는 자신이 섭취한 음식의 영양소 및 섭취량에 대한 부분과 두 번째는 자신의 식행동에 대한 부분이다. 식행동이란 식사를 할 때의 행동유형을 말하는 것으로 식습관 시의 행동이 모두 포함된다. 우선적으로 영양소의 섭취량 파악은 6가지 필수 영양소 섭취는 충분하였는지 식사원칙인 다양하게, 알맞은 양을 제때에 섭취하였는지를 파악한다. 다음 식행동에 대한 파악은 예를 들어 아침을 안 먹는 습관을 갖고 있는지, 보통 식사를 자주 거르거나 한 끼 식사 시에 폭식을 한다거나 혹은 편식을 하는 등의 식사행동에 대한 부분들을 파악해 본다. 자신의 식습관이 기복이 심하거나 혹은 무의식적으로 식사를 간식으로 때우는 행동들을 얼마나 자주 오랫동안 하고 있는지를 파악하여 행동 수정에 들어가야 한다.

② 습관적인 활동도 운동이 될 수 있다

기초대사량이 높아지려면 체내에 근육량이 많아야 한다. 근육량은 제지방량에 포함되며, 우리 몸을 구성하는 데 있어 비중이 크다. 또한 비중을 크게 차지하는 것이 체지방인데 체지방은 체내에 무한대로 저장될 수 있는 형태로서 제지방과는 엄청난 차이를 가지고 있다.

제지방과 체지방이란 글자를 놓고 볼 때는 점 하나 차이지만 우리 몸을 건강하게 하느냐 그렇지 않게 하느냐를 결정짓는 중요한 척도가 되므로 체내에 체지방 형태를 축적시키기보다는 운동을 통하여 근육량을 늘려주어 제지방량이 증가되도록 해야 한다. 이를 위해서는 무엇보다도 습관적인 활동, 운동이 절대적으로 필요하며, 자신의 몸에 알맞은 운동을 규칙적으로 행하는 것이 중요하다. 또한 자신의 무의식적으로 잠재되어 있는 잘못된 생활습관을 발견하여 먼저 치료하는 것이 우선이며, 이러한 잘못된 습관을 수정하고, 규칙적인 신체 활동을 늘려주면 이러한 작은 몸의 움직임만으로도 효과를 기대할 수 있다. 예를 들어, 장시간 앉아서 업무를 할 경우, 1시간 단위로 10분 정도씩은 자리에서 일어나 스트레칭이나 허리 숙여주기, 앉아 일어서기 등의 간단하게 동작을 통해 관절 및 근육을 움직여 주도록 하며, 높은 층 건물에 있다면 층간의 엘리베이터를 이용하지 말고 계단을 이용하여 활동량을 늘려주는 것도 습관적인 활동량을 늘려주는 데에 도움이 된다.

③ 특별한 것을 찾지 말 것

음식이든 운동이든 특별한 것을 찾는 데 시간 낭비할 필요가 없다. 건강을 지키는 데에는 평범하고 손쉬운 것일수록 좋다. 어떤 특별한 음식으로 특별한 운동으로 다이어트 효과를 기대한다는 것은 모래 위에 집을 짓는 것과 다를 바 없다. 스스로 선택했던 그

특별한 방법이 언제까지 계속될 수 있을지를 먼저 생각해 본다면 그저 평범한 것이 가장 좋다는 것을 깨닫게 될 것이다. 자신의 생활습관과 식행동이 올바르게 변화되지 않는다면, 많은 비용을 들여 특별한 음식을 선택하여 섭취하더라도, 좋은 운동기구를 사용하고, 좋은 피트니스 클럽에 다닌다고 하더라도 효과를 기대할 수 없을 것이다. 자신이 좋아하는 음식, 자신이 좋아하는 취미생활, 운동 활동을 통해서 언제든지 균형 잡힌 건강한 신체를 만들 수 있다. 단 음식이든 운동이든 즐거운 마음으로 행하는 것이 중요하며, 꾸준히 하는 것이 중요한 만큼 정기적으로 스스로에게 동기 부여를 줄 수 있어야 한다. 특히 나의 식생활 점검이 꾸준하게 이루어져야 하며 이에 따라 잘못된 식습관 및 생활습관의 변화를 위해 노력해야 할 것이다.

Ⅱ. 건강유지를 위한 수칙

건강한 삶을 살아간다는 것은 절대적으로 자기 스스로 지켜 나가야 하며, 건강을 유지하기 위해서는 기본적으로 비만이라는 질병에 노출이 되어서는 안 된다. 전 세계적으로 '비만도 질병이다'라는 세계보건기구(WHO)의 선언 이후 각 나라마다 비만에 대한 정부 대책이 세워지고 있으며, 그 경각심이 날로 커지고 있다.

그렇다면 이렇듯 비만인구가 늘어나고 있는 요즘 비만으로 판정된 사람들 대부분이 체중조절을 시도하고 있을 것이 분명한데 과연 성공률은 어느 정도일까? 물론 성공 사례도 있긴 하지만 체중조절을 시도한 대부분의 사람들은 요요 현상을 겪으면서 실패하거나 혹은 1~2년 사이에 다시 원상복귀 되는 경우가 많다. 이것은 자신의 신체 및 정신 상태를 처음부터 제대로 파악하지 않고 시작했기 때문이며 체계적인 단계를 거쳐서 과학적으로 감량하기보다는 결과를 빨리 얻고자 단발적인 효과를 위한 방법을 선택하기 때문이다. 끝나지 않은 살과의 전쟁은 절대적으로 시간싸움이며 시간뿐만 아니라 자기 자신과의 싸움에서 승리하는 사람만이 성공할 수 있다. 또한 체중조절을 하는 동안 직간접적인 요인이 무엇인지 어떠한 방법이 시간 면에서, 효과 면에서 유용한 것인지 염두에 두어 자신에게 적절한 방법을 찾아 시행해야 한다.

1) PEACE

① Patience 인내심 발휘하기

체중조절에 있어서 가장 중요하게 작용하는 것은 참는 것, 즉 인내심이다. 조절하기에 앞서 실제적인 계획을 세우고 행하는 것이 가장 중요할 것 같으나 이보다 더 중요한 요인은 자신의 의지가 얼마나 강하고 확실하게 서 있는지, 인내력을 가지고 얼만큼 견디어 낼 수 있을지를 냉정하게 판단해 보아야 한다.

체중조절에 실패하는 원인의 대부분은 자신의 본능적인 욕구를 이겨내지 못하기 때문이며 더욱이 더 큰 문제는 먹지 말아야할 음식을 정해놓고 억지로 먹지 않으려 하는데 있다. 이러한 상황이 지속되면 부족한 영양소로 인한 무기력감, 또한 먹지 못하는 데에서 오는 스트레스가 쌓여 오히려 더 좋지 못한 결과를 초래할 수밖에 없다.

먹지 말아야할 음식은 없다. 섭취량을 제한할 이유도 없다. 다만 음식의 양보다는 식품의 질적인 면을 고려하여 선택하고, 적당하게 골고루 섭취하는 것이 중요하며, 음식의 종류를 제한하기보다는 영양소가 풍부하면서 칼로리가 낮은 음식을 선택하여 섭취 칼로리를 줄이도록 한다. 특히 적당히 조금씩 자주 먹는 습관으로 개선하는 것이 중요하다. 이러한 의식적인 습관이 계속 반복되면 자신도 모르는 사이에 좋은 식습관이 형성되면서 자연스럽게 체중조절을 할 수 있게 될 것이다.

운동도 마찬가지다. 운동의 효과는 특히 단기간에 나타나지 않으므로 인내심을 갖고 행하지 않으면 좋은 결과를 기대할 수 없다. 어떤 운동을 할 것인가를 결정하기에 앞서 운동을 꾸준하게 할 수 있는 방법이 무엇인지, 어떻게 하면 좋은 운동습관을 갖을 수 있을지를 먼저 고민해야 하며, 특히 운동 시 인내력의 한계에 부딪히게 될 때를 대비하여 자신이 한번쯤은 해보고 싶었던 다양한 형태의 운동들을 행하여 봄으로서 그 상황을 지혜롭게 극복해야 할 것이다. 식이조절과 운동은 인내심을 가지고 꾸준히 행할 때에 그 진가가 발휘될 수 있다

② Essential – 필수적인 것에 민감하기

살아가는 데 있어 먹지 않고는 살 수 없는 당연한 이치 때문일지는 모르겠으나 사람들은 대부분 먹는 것에 대해서는 늘 자신의

습관대로, 해오던 방식대로 고집하는 경우가 많다. 음식 앞에서 아무런 생각 없이 그저 먹기 위해 반복되는 행동을 할 뿐 음식 자체를 중요하게 생각하지 않는다. 비단 먹는 것 뿐 아니라 잠자는 것, 배설하는 것, 움직이는 것과 감정적인 부분까지도 생명을 유지하는 데 있어서는 꼭 필요한 행위이지만 대부분의 사람들은 대수롭지 않게 생각하며 살아간다. 이렇게 대수롭지 않게 생각하는 행동들은 잘못된 습관으로 형성되어 자신도 모르는 사이에 길들여지면서 건강상의 문제를 유발 시킬 수밖에 없다. 특히 감정은 어떠한 감정을 느끼고 있느냐에 따라 수많은 호르몬과 신경전달 물질들이 식욕조절과 에너지 대사에 관계되어 체내에 작용하게 되므로 체중조절 시에는 특히 주의해야 한다. 더욱이 살을 찌우도록 유도하는 호르몬들은 체중이 증가하면서 더욱 활발해지기 때문에 결과적으로 부정적인 영향이 더 가중될 수 있으며, 사회활동량의 감소와 운동부족, 섭취불균형 등은 혼자서 보낼 수밖에 없는 시간과 관련하여 우울증을 유발하는 간접적인 원인이 될 수 있다. 따라서 기분 좋은 감정 즉 행복과 즐거움의 감정을 갖는 것 자체가 체중조절 시 음식을 조절하고, 운동을 해야하는 것보다 더 중요한 요인으로 작용할 수 있을 것이다. 그러므로 새로운 계획을 세우기에 앞서 현재 행하고 있는 일상 속에서 꼭 필요한 자신의 감정에 대하여 민감해져야 할 것이다.

③ Attitude – 태도 점검하기

체중조절에 있어서 자신의 의지가 굳건하게 섰다면 자신의 마음가짐과 태도를 점검해야 한다. '숨쉬기 운동도 운동이다, 아무리 노력해도 소용없다. 다 해봐서 아는데 돈과 시간만 낭비할 뿐이다. 바빠서 운동할 시간이 도저히 안 생긴다' 등의 생각과 태도는 체중조절을 위한 본질적 사고방식부터 잘못되어 실행할 의지조차 없는 것이며 이러한 태도로는 어떠한 방법을 동원해도 성공할 수 없다. 특히 자신도 모르게 형성되어 있는 잘못된 습관들을 스스로 인정하지 않고 변화하려는 마음가짐이 없다면 더더욱 소용없는 일이다. 따라서 잘못된 습관을 고치려는 자세, 새로운 지식을 받아들이고자 하는 태도는 체중조절 하기 전에는 특히 중요 할 수 있다.

체중조절을 계획할 때 결국 요요현상으로 인해 실패하는 경우가 종종 있는데 이는 조절 체중조절 방법 자체를 잘못 선택한 경우가 많다. 가장 많은 유혹을 받는 것이 원푸드 다이어트 방법인데 이 방법은 단기간의 효과는 얻을 수 있지만 장기적으로 볼 때 체중이 다시 증가됨은 물론 다른 영양소들의 결핍으로 인해 오히려 좋지 않은 결과를 초래할 수 있다. 운동의 경우도 유행하는 운동이나 특정한 운동방법을 통해 체중조절에 성공한 사람들의 결과만을 보고 모방하는 경우가 많은데 운동은 무조건적 모방보다는 자신에게 적합한 운동인지 아닌지, 자신에게 흥미와 동기부여를 충분히 유발시켜 주어 꾸준히 행할 수 있도록 해줄 수 있는지를 먼저 파악해보는 것이 중요하며, 자신만의 방법, 자신만의 노하우를 개발하여 끊임없이 행하려고 하는 태도 자체가 더 중요하다. 더 나아가 실천하는데 있어 자신의 태도가 시작과 끝이 일관되도록 자신의 태도를 꾸준히 점검하는 것이 필요할 수 있겠다.

④ Changing - 변화를 갈망하기

다람쥐 쳇바퀴 돌듯 똑같은 생활환경 속에서 주어진 환경에 안주하다 보면 자신도 모르게 건강을 지키기 위한 체중조절에 관심을 갖기가 힘들어진다. 특히 처해진 환경에서 받는 스트레스를 해소하기위해 먹는 것으로 해결하거나 귀차니즘에 빠져 활동범위를 좁혀가다 보면 결국 불어난 체중과 함께 되돌릴 수 없는 잘못된 습관만이 남게 될 뿐이다.

그렇다면 자신이 변화되기를 어떻게 갈망해야 할 것인가?

먼저 자신의 현재 상태를 파악해 본다. 예를 들어 하루 동안에 취미생활은 하고 있는지, 일정시간 동안 건강한 수면생활을 하고 있는지, 직장생활에서 음주섭취의 기회는 얼마나 주어지는지, 식사시간은 규칙적이며, 음식의 색깔을 고려하여 섭취하는지, 배불리 먹는 습관이 있는지, 바른 자세로 일을 하고 있는지.. 걷는 습관이 몸에 배어 있는지 등... 이외에도 여러 가지 자신의 행동들을 파악하여 잘못된 행동들이 발견되면 행동수정에 들어가야 한다. 행동수정에는 방법도 정답도 없다. 다만 자신의 잘못된 행동이 발견되는 즉시 잘못된 행동을 수정하려는 노력과 의지가 중요하다.

이렇게 시작되는 행동수정은 건설현장에서 기본적인 기초공사를 다지듯 건강을 유지하기 위한 생활습관의 기초를 다지는 가장 중요한 작업이라고 할 수 있다. 행동수정을 통해 잘못된 습관으로부터 벗어나 좋은 습관이 형성된다는 것은 건강한 삶을 위해 자신이 변화되어 간다는 긍정적인 신호가 될 것이다.

⑤ Effect – 효과에 반응하기

몸과 마음의 평화는 스스로 생각하고 스스로 행할 때에 얻어지는 결과이다. 즉 현실 속에 공존하고 있는 평화를 발견하기 위해서는 자신에게 일어나고 있는 변화와 결과에 대하여 적절하게 반응해주어야 한다. 즉 자신을 관리하면서 긍정적인 결과에 대해서는 계속 발전해 갈 수 있도록 자기보상을 해주는 것이 필요하며, 반면 자신이 노력한 것에 비해 원하는 결과를 얻어내지 못했을 경우 그에 대한 원인과 이유를 알기 위한 노력 또한 필요하다. 즉 변화되지 못한 결과에 대해서도 평안한 마음가짐으로 철저한 분석과 새로운 계획을 세울 수 있는 반응이 중요한 것이다. 방법적인 예를 들면 체중변화표를 그래프로 작성하여 일별 또는 주별로 체크를 하여 관리하거나 건강기록장을 만들어 하루 24시간 동안 실천한 운동을 기록하여 소모된 칼로리와 섭취한 칼로리를 비교해 봄으로서 자신의 변화하는 과정을 눈으로 확인하며, 결과에 반응하여 스스로 얼마나 많은 노력을 기울이고 있는지, 갑작스런 환경의 변화로 인한 일시적인 현상은 아닌지 냉정하게 판단하는 것이 필요하다.

노력한 만큼의 좋은 결과를 얻었다면 앞서 말한 바와 같이 자신에게 충분한 보상을 해주어 잠재되어 있는 평화를 맘껏 누리면서 지속적인 관리를 위해 긍정적인 효과에 계속적으로 반응해가면 된다.

2) BALANCE

① 영양소와 칼로리

잘못된 정보로 인해 식이조절에 실패하는 경우 가장 큰 문제점은 영양소와 칼로리에 대한 개념이 없다는 것이다. 특히 음식의 칼로리에 대한 개념 없이 섭취량을 제한한다거나 영양소를 고려하지 않고 무조건 칼로리가 낮은 음식만을 섭취 하려는 방법 자체가 영양섭취 상태의 불균형을 초래하게 되는 것이다. 따라서 체중조절 시 저칼로리 다이어트 식단을 작성할 경우 영양소의 비율을 고려하는 것은 필수. 칼로리를 무조건 제한하기 보다는 탄수화물, 단백질, 지방 등의 열량영양소와 비타민, 무기질 등의 보조영양소들의 비율을 적당한 비율로 작성할 때 다이어트의 효과는 두배가 될 수 있다.

섭취 칼로리를 계산하기 위해서는 가장 쉽게 할 수 있는 방법이 섭취한 음식을 메모하는 습관이다. 메모를 할 때에는 식품군별로 섭취한 양을 적는 것이 일반적이며 식품군별로 메모를 하는 이유는 영양소를 골고루 섭취하였는지, 얼마만큼의 양을 섭취했는지를 파악하기 위해서이다. 메모를 하는 습관은 자신에게 동기 부여를 주기 위한 행동습관으로 꼭 필요하며 하루 일과를 정리하며 일기를 쓰듯이 식사일기를 작성함으로써 결과를 평가도록 한다. 가장 균형 잡힌 섭취비율은 탄수화물이 1일 총 섭취량의 50~55%, 단백질은 25~30%, 지방은 15~20%이다. 식품군별 최소량의 칼로리를 참고하여 하루에 먹는 음식의 종류와 양을 적어 칼로리로 환산하면 된다.

식단을 작성하거나 섭취한 음식을 메모할 때는 1일 섭취 칼로리보다 모든 영양소를 골고루 먹었느냐를 체크하는 것이 중요하다. 따라서 섭취한 식품을 파악하여 부족한 식품에 대해서는 즉시 보충하도록 하며 식품으로 섭취가 불가피할 경우에는 보조제를 섭취해서라도 균형을 이루도록 한다.

② 건강을 위한 요리법은 바로 활용

아무리 영양소가 좋은 음식, 값비싼 음식이라고 해도 요리방법에 따라 최상 혹은 최하가 될 수 있다. 따라서 어떠한 요리방법으로 음식을 만들 것인지 칼로리와 영양소에 대한 측면을 고려하여 요리방법을 선택해야 한다.

조리방법에서 가장 문제가 되는 것은 기름을 두르고 튀기고 볶는 방법이다. 이러한 방법은 칼로리를 높일 뿐 아니라 섭취 후의 소화와 흡수에도 영향을 미치므로 가급적 찜 형태나 그릴 오븐구이를 하는 것이 좋으며 볶는 조리방법을 선택하더라도 눌어붙지 않는 팬을 이용하여 소량의 기름으로 볶는 것이 필요하다.

소스를 곁들인 음식을 할 경우에는 마요네즈나 기름진 소스를 얹기보다는 마늘이나 간장 겨자 혹은 키위나 오렌지 등의 과일로 만들어 섭취하는 것이 좋다. 야채는 가급적 살짝 데치거나 무침으로 섭취하는 것이 좋으며 소금과 후추 등의 조미료를 사용하지 말고 밑간만 살짝 하도록 한다. 육류는 살코기 위주로 섭취하되 타지 않도록 조리하고 찌거나 삶을 경우에는 마늘과 양파 생강 등 음식 궁합이 잘 맞는 야채들과 함께 섭취하도록 한다. 수분이 많은 여름철 과일인 수박, 참외, 멜론 등에도 영양소와 칼로리는 있다. 따라서 조리 시 음식과 함께 소량 곁들여 놓는 것도 좋은 방법이 될 수 있다.

3) CHOICE

이전에 보조제 혹은 보충제로 인지하고 있던 건강기능식품은 최근 들어 다양한 제품들이 쏟아져 나오면서 그 종류와 섭취에 대한 관심이 높아지고 있다. 평소 운동에 필요한 에너지 공급에 적절한 식사를 하고 있는 경우는 예외일 수 있으나, 불규칙한 식사패턴으로 충분한 영양을 공급받지 못하는 상태라면 운동을 위한 에너지 공급을 건강기능식품으로라도 보충해야 할 필요성이 있다.

무엇보다 운동의 효과를 위해 선택하는 건강보조식품의 경우 자신의 운동 목적에 적합한 제품을 선택해야 하며 적절한 타이밍을 알아야 한다. 특히 단백질 제품은 그 종류와 형태가 다양하며, 운동에 의해 근육이 분해되는 것을 막거나, 보충하기 위해 섭취하는 데 타이밍과 섭취량 등의 방법이 매우 중요하다. 대표적인 예로, 근육 성장과 항상성을 위해서는 글루타민 제품을 선택하여 운동 직전/직후에 섭취하도록 하며, BCAA(Branched-Chain Amino Acid: leucine, Isoleucine, Valine)제품은 BCAA가 근육세포에 차지하는 비율이 35% 이상 되어 운동수행 중 에너지 생산에 관여하므로 근육합성 및 근육의 빠른 회복을 위한 경우에 선택할 수 있다. BCAA의 경우 특히 섭취 타이밍이 중요하며 운동 직전/직후 20분 전에 섭취하는 것이 좋다. 근력 향상의 효과는 운동수행 없이 건강기능 식품섭취만으로 이루어질 수는 없으며, 과잉으로 섭취할 경우 오히려 체내 지방으로 축적될 수 있으므로 체중감량을 위해 운동을 수행과 더불어 보조제를 섭취할 때에는 세심한 주의가 필요하다.

따라서 자신의 영양 상태를 점검하여 가장 부족한 영양소는 무엇인지, 건강기능식품을 통해 어떠한 효과를 기대하는지 뚜렷한 계획을 가지고 선택해야 하며, 특히 건강기능식품의 효과와 기능만을 보고 섭취하여 정신적, 육체적인 부작용을 초래하지 않도록 주의해야 한다. 또한 제품의 특정성분, 효과(부작용) 및 합법적으로 정상적인 유통과정을 통해 판매되는 제품인지 꼭 확인하도록 한다.

비타민을 선택할 때에는 멀티비타민 형태로 섭취할 것인지, 식이섭취로 충족되지 못한 부족한 영양소를 보충하기 위한 단일형태 제품을 섭취할 것인지 현재의 섭취상태를 고려하여 선택하도록 한다. 비타민과 무기질 보조제는 질병을 치료하기 위해 섭취하는 의약품이 아니므로 치료를 목적으로 선택한다거나 보조제를 통해 완치를 기대하고 섭취하는 것 바람직하지 못하다. 대부분의 사람들은 비타민과 무기질이 다양하게 포함하고 있는 멀티비타민 형태를 선호하고 있으나 비타민과 무기질은 그 종류가 다양하고 체내에서 작용하는 기능 또한 각각 다르기 때문에 종류와 기능을 고려하여 자신에게 맞는 보조제를 선택하는 것이 필요하다. 특히 음식으로 충분히 섭취되는 비타민과 무기질의 경우 보조제를 따로 섭취할 필요가 없으며, 지용성 비타민과 일부 무기질 성분들은 상호작용에 의해 체내에 영양소로 흡수되는 것을 서로 방해하거나 과잉증상을 유발시킬 수 있으므로 가급적 임상영양사 혹은 관련 전문가와의 상담을 통해 식품 선택취향이나 섭취습관을 파악하여 습관적으로 부족할 수 있는 비타민과 무기질을 선택하도록 한다.

비타민은 체내에서 조효소로서 항산화제 및 호르몬의 기능을 대신하여 체내에서 다양한 기능을 조절하는데 필수적이며, 무기질은 골격, 치아, 근육 등의 신체조직을 구성하는데 사용된다. 비타민과 무기질이 부족할 경우 여러 가지 결핍 증상들을 초래하게 되는데 특히 비타민 B군, 엽산, 칼슘, 철분 등은 에너지 대사에 꼭 필요한 영양소이므로 평상시 최상의 건강유지를 위해서 또한 운동수행능력의 향상을 위해 부족하지 않게 섭취하도록 한다.

PART 2.

서 론

  운동선수들은 반복되는 시합 출전으로 고강도의 훈련을 실시하며, 훈련에 의한 체력소모를 회복하기 위해 끊임없는 노력을 한다. 선수뿐만 아니라, 지도자들도 선수들의 체력관리 및 유지에 심혈을 기울이고 있으며, 특히 시합 준비기와 휴식기의 컨디션 조절과 더불어 운동수행능력을 증가시키기 위해 선수들의 개인차를 고려한 관리가 요구된다.

  선수들의 체력유지를 위한 기본적인 영양학적 접근은 무엇보다 식이 섭취량이며, 선수들의 권장량은 일반인의 1일 섭취권장량에 비해 많다. 그러나 식이 섭취를 통해 충분한 영양소를 공급받지 못하고 있으며, 체급선수나 체중조절이 필요한 선수의 경우는 더욱 부족한 현실이다. 따라서 식이 섭취 부족으로 인해 체력감소뿐만 아니라 경기력의 감소를 가져올 수 있어 이에 대한 대책 마련이 시급하다. 따라서 본 연구에서는 필수 아미노산인 branched-chain amino acid의 보충 섭취가 태권도 선수의 운동수행능력에 미치는 영향을 알아보고자 3개의 chapter를 구성하여 조사하였다.

1. Chapter 1에서는 운동선수의 영양 권장량과 영양 문제, 체중 조절 및 태권도 종목의 특성, ergogenic aid에 관하여 문헌 고찰을 하였다.

2. Chapter 2에서는 태권도 선수의 영양지식 조사와 시합 준비기 12주간의 영양소 섭취 상태를 경량급, 중량급으로 나누어 비교하였으며, 체중감량 실태를 조사하여 문제점을 파악하였다.

3. Chapter 3에서는 태권도 선수에게 필수 아미노산인 branched-chain amino acid를 시합 준비기 12주간 보충 섭취시켜 혈액과 뇨 중의 amino acid profile과 혈중 요소, 질소, 뇨 중 요소, 질소, creatinine 및 혈중 지질 농도와 SOD, MDA 농도를 분석하였으며, 근파워 및 근지구력을 측정하였다.

Chapter 1.
LITERATURE REVIEW

Ⅰ. 운동선수를 위한 영양권장량 및 영양문제

영양은 최근 들어 대중의 관심을 크게 끄는 분야이다. 모든 사람들이 행복을 위하여 우선적으로 생각하는 것이 건강이며, 건강을 유지하기 위해서는 올바른 영양소의 섭취가 필요조건이다. 특히 운동선수들의 에너지 소비량은 일반인들에 비해 매우 높기 때문에 운동 수준에 따른 영양소의 섭취도 다르게 책정되어야 한다. 그 이유는 대부분의 운동선수가 건강유지뿐만 아니라, 경기에서 승리하기 위한 수단으로 영양소 섭취를 적용하기 때문이다. 또한 운동선수들에게는 운동 형태 및 운동 강도를 고려하여 체력유지 및 향상을 위한 영양권장량의 설정이 요구된다. 따라서 운동선수들을 위한 영양권장량은 경기력을 최대로 향상시키기 위해 제시되어야 하며, 일반인을 위한 영양권장량은 건강 상태를 유지하기 위한 제시이다.

운동선수들의 에너지 섭취량은 훈련을 포함한 활동 에너지 소비량에 의해 결정되며, 여러 가지 영양소 필요량은 운동의 강도와 시간 등의 운동 형태에 따라 달라진다. 기본적으로 영양소 필요량은 특정 경기에 적절한 체성분과 체중을 유지할 수 있으며, 선수들의 기량을 최상으로 발휘할 수 있는 선에서 결정한다. 따라서 운동선수들은 훈련을 실시할 때나 체중조절 시, 또는 경기 출전 전과 후의 영양소 필요량과 섭취 식품의 종류 등에 대한 지식이 있어야 운동수행능력을 최대한 발휘할 수 있다.

이명천 등은 운동선수들의 영양권장량을 남·녀 선수를 구분하여 종목별로 나누어 제시[1]하고 있는데(Table 1-1), 총열량에 대하여 남자선수의 경우, 3,000~5,000kcal, 여자선수의 경우, 2,500~3,500kcal로 종목에 따라 차이가 있다. 탄수화물은 총 칼로리의 섭취량의 55~70%, 지방은 18~30% 권장하고 있으며, 단백질은 1일 체중 kg당 0.8~2.4g/day으로 종목별, 개인별 권장량을 다르게 제시하고 있다.

Table 1-1. RDA for athletes in various events

(male)

Events	Items	Calories (kcal)	CHO	Fat (%)	Protein (%)	Calcium (mg)	Iron (mg)	Vit B$_1$ (mg/ 1,000kcal)	Vit B$_2$ (mg/ 1,000kcal)	Niacin (mg/ 1,000kcal)
1	Shooting Archery	3500	55	30	15	1500	18 (+15)	0.5	0.6	6.6
2	Weight lifting High jump	3500	55	30	15	1500	18 (+15)	0.5	0.6	6.6
3	Badminton Hockey Hand ball Table tennis Soccer	4000	65	20	15	1500	18 (+15)	0.5	0.6	6.6
4	Wrestling Judo Taekwondo	4500	55	30	15	1500	18 (+15)	0.5	0.6	6.6
5	Marathon Middle distance run	5000	70	18	12	1500	18 (+15)	0.5	0.6	6.6
6	Body Build	3500	55	25	20	1500	18 (+15)	0.5	0.6	6.6
7	Gymnastics	3000	55	30	15	1500	18 (+15)	0.5	0.6	6.6

(남자선수 신장 170-175cm, 체중 67-72kg 기준)

(female)

Events \ Items	Calories (kcal)	CHO	Fat (%)	Protein (%)	Calcium (mg)	Iron (mg)	Vit B$_1$ (mg/ 1,000kcal)	Vit B$_2$ (mg/ 1,000kcal)	Niacin (mg/ 1,000kcal)
1 Shooting / Archery	3000	55	30	15	1500	18 (+15)	0.5	0.6	6.6
2 Weight lifting / High jump	3000	55	30	15	1500	18 (+15)	0.5	0.6	6.6
3 Badminton / Hockey / Hand ball / Table tennis / Soccer	3500	65	20	15	1500	18 (+15)	0.5	0.6	6.6
4 Judo / Taekwondo	3500	55	30	15	1500	18 (+15)	0.5	0.6	6.6
5 Marathon / Middle distance run	3000	70	18	12	1500	18 (+15)	0.5	0.6	6.6
6 Body Build	3000	55	25	20	1500	18 (+15)	0.5	0.6	6.6
7 Gymnastics	2500	55	30	15	1500	18 (+15)	0.5	0.6	6.6

(여자선수 신장 165-170cm, 체중 56-60kg 기준)　　　　　　　　　　　(이명천 등, 2000)

　　단백질은 섭취 자체가 운동능력을 직접적으로 향상시키는 것은 아니지만 운동능력 향상의 기초가 되므로 매우 중요하다. 일반 성인의 1일 단백질 요구량은 체중 kg당 1.0g, 성장기 아동은 1.2g인 것에 비하여 훈련기 운동선수의 요구량은 섭취 에너지가 충분한 조건에서 지구성 운동 종목 선수는 체중 kg당 1.2~1.4g/day, 순발력형 운동 종목 선수는 1.4~1.8g/day 정도이다.[2] 또한 성장기에 있는 운동선수의 경우에는 종목별, 개인별로 더 많은 양의 단백질 섭취를 요구하기도 한다. 그러나 근단백질 합성을 촉진하기 위해서는 단백질을 충분히 섭취하는 것과 동시에 강도 높은 웨이트 트레

이닝을 해야 한다.[3)]

단백질을 필요 이상 섭취할 경우, 근육 합성에 이용되지 않고, 에너지원으로 이용되거나 지방으로 변환되어 체내에 축적되므로 추가적으로 보충할 때에는 식이로 섭취한 단백질량을 계산한 후에 부족한 양만큼 보충하는 것이 중요하다. 또한 섭취 시기도 중요한데 Okamura 등에 의하면 운동 직후에 아미노산과 글루코오스를 혼합하여 섭취하면, 근육 단백질이 분해상태에서 합성상태로 변화하며, 혈중 아미노산 풀(amino acid pool)을 충족시키면 근육 단백질 분해 속도를 늦출 수 있으므로 운동선수들에게 이를 응용한 영양처방을 할 수 있다고 보고하였다.[4)] 또한 Levenhagen 등은 아미노산은 운동 직후에 섭취하는 것이 운동 3시간 후에 섭취하는 것보다 단백질 합성속도를 증가시키기 때문에 단백질을 운동 직후에 섭취하는 것이 바람직한 것으로 보고한 바 있다.[5)]

우리나라 국가대표 하키선수를 대상으로 열량 섭취량을 조사한 바에 의하면 하키선수의 하루 총 열량 섭취는 성인 1일 열량권장량의 1.7배였으며, 이는 선수들이 필요로 하는 열량의 81.9%로 나타났다[6)]. 또한 열량 구성비는 탄수화물, 단백질, 지방의 비가 56 : 14 : 30으로 우리나라 성인의 열량 구성비인 60~65 : 15~20 : 20과 큰 차이가 있었다. 우순임의 연구[7)]에서는 빙상, 레슬링 선수가 각각 필요한 열량권장량의 71%, 74%를 섭취하고 있었으며, Grandjean 등은 훈련 시 탄수화물의 섭취를 높이고 지방의 섭취가 지나치게 높지 않도록 영양교육 및 식사처방이 있어야 할 것을 주장하였다.[8)] 또한 김지현은 배구선수의 시합기와 휴식기의 영양소 섭취 상태 조사에서 휴식기에 단백질, 철분, 비타민 A의 섭취량이

유의적으로 낮아서 선수들의 휴식기 영양소 섭취에 대해서도 지속적인 관리가 필요할 것을 강조하였다.[9]

선수들이 경기 출전을 위하여 자의적 혹은 타의적으로 체중감량을 하는 동안 식이 섭취량은 매우 부족하게 되므로 식습관의 불균형에 의한 영양결핍이 초래되어 운동수행능력의 감소를 가져올 수 있다. 강형숙 등은 체조선수에 관한 연구에서 경기 전에 극단적인 식이 섭취 제한이 경기력 저하는 물론 건강을 해치는 결과를 초래할 수 있어 지속적인 식사관리의 필요성이 요구된다고 보고한 바 있다.[10] 또한 체급종목 선수의 경우, 체중감량의 압박감으로 인해 시합 직전에 식이 섭취량을 지나치게 제한하여 운동 중의 필요한 열량에 크게 미치지 못하는 실정[7]이기 때문에 선수들이 최대의 경기능력을 발휘할 수 있도록 식이를 조절하는 방법에 대한 교육이 시급하다.

선수들의 영양문제에 대하여 언급한 선행 연구에서는 운동선수들을 대상으로 한 영양교육의 필요성을 강조하였으며,[11] 운동선수들의 영양 상태 및 영양공급의 중요성 및 단기간 체중조절에 대한 문제점과 그에 따른 심리적, 신체적으로 나타나는 부정적인 면을 지적하였을 뿐만 아니라[12] Steen 등은 수분 섭취가 훈련이나 경기 수행 시에 필수적인 것으로 알고 있는 선수가 소수였음을 보고한 바 있다.[13] 또한 국가대표 선수의 경기력 향상을 위한 식단 구성[6]과 운동선수들의 영양지식 및 영양정보에 관한 연구[7] 및 체급종목 선수들의 영양관리 및 체중감량 실태를 조사하여 선수들의 영양문제의 중요성을 제시한 바 있다.[14),15]

따라서 운동선수들의 경기력 향상을 위해서는 지도자와 선수들 스스로 영양에 대해 관심을 갖고 올바른 영양소 섭취 및 경기력 향상을 위한 과학적인 프로그램을 실천해 가는 것이 중요함을 강조하는 것이라고 볼 수 있다.

최근 운동선수들은 특정 영양소가 운동수행능력을 향상시킬 수 있을 것으로 생각하고 많은 관심을 보이고 있는 가운데 스스로 특별한 식품을 선택하거나, 또는 영양 보조제를 섭취하고 있다. 그러나 선수들이 섭취하고 있는 식품이 운동수행에 실질적으로 어떤 영향을 미치는지에 대한 연구는 미비하므로 운동선수들을 위한 체계적인 영양 섭취를 위한 기초연구가 요구된다.

Ⅱ. 태권도 종목의 특성 및 운동선수의 체중조절

태권도 선수들은 상대방보다 우세한 득점을 얻고자 자신만의 숙련된 기술을 구사하기 위해 반복 트레이닝을 실시하며, 시합 시에는 상대방이 어떠한 공격을 해 올 것인가를 미리 읽고 대처하는 방어기술과 동시에 공격기술을 순간적으로 구사하여 발휘함으로써 득점을 하게 된다. 따라서 전신의 민첩성과 다리 근육을 중심으로 한 순발력이 요구되므로[16] 순발력과 스피드 면에서 상대방보다 우세하도록 자신이 속한 체급보다 하위 체급으로 출전하기 위해 체중감량을 실시한다. 그러나 대부분의 선수들은 체중감량을 단기간에 수분 및 칼로리를 급격히 감소시키는 방법을 행하므로 근력의

감소뿐만 아니라 경기력을 저하시킬 수 있다.[17)]

태권도 체급은 총 8체급으로 핀급, 플라이급, 밴텀급, 페더급, 라이트급, 웰터급, 미들급, 헤비급으로 구분한다(Table 1-2). 올림픽 출전체급 기준으로 체중 68kg을 중심으로 68kg 미만인 페더급에서 핀급까지를 경량급으로, 68kg 초과인 라이트급에서 헤비급까지를 중량급으로 규정하고 있는데, 8체급을 기준하여 계체 실시는 경기 시작 하루 전인 오후 3시부터 6시까지 실시하도록 규정하고 있으나, 대표자 회의를 거쳐 변경할 수 있으며, 계체 시 출전 체급보다 체중이 초과하거나 못 미칠 경우 실격한다.[18)]

Table 1-2. Grades of Taekwondo weight

Weight category	Male division	Female division	Middle school student division
Fin	~ 54	~ 47	~ 36
Fly	54 ~ 58	47 ~ 51	36 ~ 40
Bantam	58 ~ 62	51 ~ 55	40 ~ 44
Feather	62 ~ 67	55 ~ 59	44 ~ 48
Light	67 ~ 72	59 ~ 63	48 ~ 52
Light welter			52 ~ 56
Welter	72 ~ 78	63 ~ 67	56 ~ 60
Light middle			60 ~ 64
Middle	78 ~ 84	67 ~ 72	64 ~ 69
Light heavy			69 ~ 74
Heavy	84 ~	72 ~	74 ~

경기시간은 1회 경기 시 남자선수의 경우, 3분 3회전으로 회전 간 휴식시간 1분을 포함하여 총 11분이며, 여자선수와 초등부, 중

등부 선수는 2분 3회전으로 회전 간 휴식시간은 1분을 포함하여 총 8분이다. 선수들이 출전 당일 치르게 되는 경기의 수는 최소 1회부터 3~4회이며, 경기 시 협회가 공인한 도복 및 보호구를 착용하는 것을 원칙으로 한다.[18]

운동선수들에게 있어 체중조절은 훈련만큼이나 중요하게 작용한다. 특히 체급종목인 복싱, 레슬링, 유도, 태권도 등은 시합 전 체급구분을 위한 계체가 이루어지는데 선수들은 시합을 치르기 이전부터 계체에 익숙해져야 한다.

체급경기의 목적은 체중이 같은 동일한 조건을 가진 두 선수가 공평한 상황에서 경기를 하는 것을 원칙으로 하지만 체급종목 외에도 무조건적으로 체중감량을 해야 하는 종목들이 있으므로 방법적인 측면의 체계 확립은 절실히 필요하다.

김형일 등은 체급선수들이 단기간의 체중감량으로 인해 체력저하뿐 아니라 신체의 항상성도 파괴되어 경기력저하를 초래하고, 체중감량과 체중증량이 계속적으로 반복될 경우, weight cycling 현상을 초래한다고 보고하였다.[19] Weight cycling 현상은 체지방의 증가와 더불어 복부 지방량의 증가를 초래하고 이로 인해 혈압이 상승하며,[20] 지방 축적으로 인한 심장질환의 위험을 가져올 수 있기 때문에[21] 선수들의 체중조절에 대한 심각성은 매우 클 것으로 사료된다. 또한 체조선수들은 경기 전 체중감량이 절실하게 요구되는 종목의 하나로 극단적으로 식이 섭취를 제한하거나 비과학적 방법으로 체중감량을 실시하여 경기력 저하는 물론 건강을 해치는 결과를 초래할 수 있다.[10]

Ⅲ. Branched-chain amino acid(BCAA)

1) BCAA의 생화학적 구조

단백질을 구성하는 아미노산은 체내에서 합성할 수 없는 9개의 필수 아미노산과 합성이 가능한 11개의 불필수 아미노산으로 나누어지며, 필수 아미노산은 반드시 식이로 공급되어야 한다.

Branched-chain amino acid(BCAA)는 필수 아미노산으로 isoleucine, leucine, valine을 말하며, 비방향족 아미노산으로 glycine과 alanine, proline과 함께 aliphatic R그룹을 가지고 있다(Figure 1-1). 이 R그룹은 +와 −전하를 가지고 있지 않으므로 중성을 띤다.

BCAA는 알라닌회로에서 글루탐산으로부터 전이된 아미노기 대부분의 공급원이며, BCAAT(branched-chain amino acid aminotransferase) 효소에 의해 대사된다.

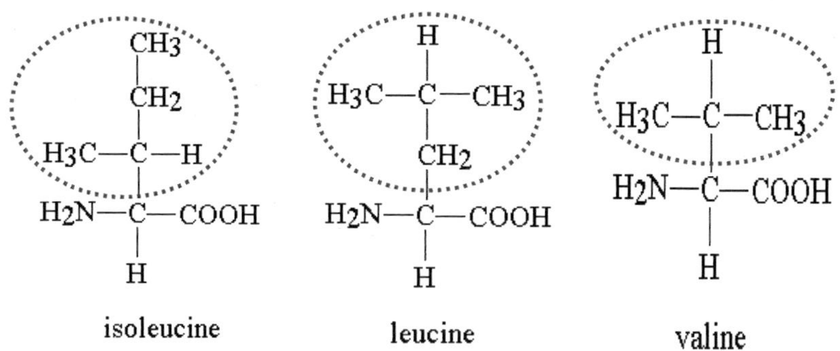

Figure 1-1. Structure of isoleucine, leucine and valine.

2) BCAA의 대사

대부분의 아미노산이 간에서 이용되는 것과는 대조적으로 BCAA는 주로 골격근에서 대사되며 특히 말초조직과 지방조직에서 분해된다. BCAA 분해효소인 BCAA aminotransferase(BCAAT)의 활성도는 간에 비해 근육에서 더 높으며, BCAAT에 의해 생성된 branched-chain α-keto acids(BCKA)는 branched-chain α-keto acid dehydrogenase (BCKAD) complex에 의해 acyl-CoA 유도체를 생성한다(Figure 1-2)[38]. BCKAD complex는 multienzyme으로 활성형 BCKAD의 양은 상당히 적기 때문에 BCAA 산화과정의 반응속도는 활성 BCKAD의 양에 의존한다.

BCAA 분해 과정의 첫 번째 단계인 아미노전이 반응에서 촉매 역할을 하는 BCAAT는 세포질과 미토콘드리아에 존재하며, 근육은 간, 신장에 비해 BCAAT의 활성이 높다. BCAAT 대사에서 amino group 수용체는 TCA cycle의 중간 생성물인 2-oxoglutarate를 이용한다.

지속적인 운동 후반에는 근육에 저장되어 있던 글리코겐이 고갈되면서 근육 내의 단백질의 분해가 증가하기 때문에 혈장 내 아미노산의 농도가 증가한다. 그러나 대부분의 혈장 아미노산이 간에서 이용되는 것과는 달리 BCAA는 주로 활동근에서 에너지 공급을 위해 이용되기 때문에 지구성 운동 시 BCAA의 산화율이 활동근 단백질의 분해 증가에 의한 BCAA의 생성률보다 높아질 경우에는 혈중 BCAA의 농도는 감소하게 된다.

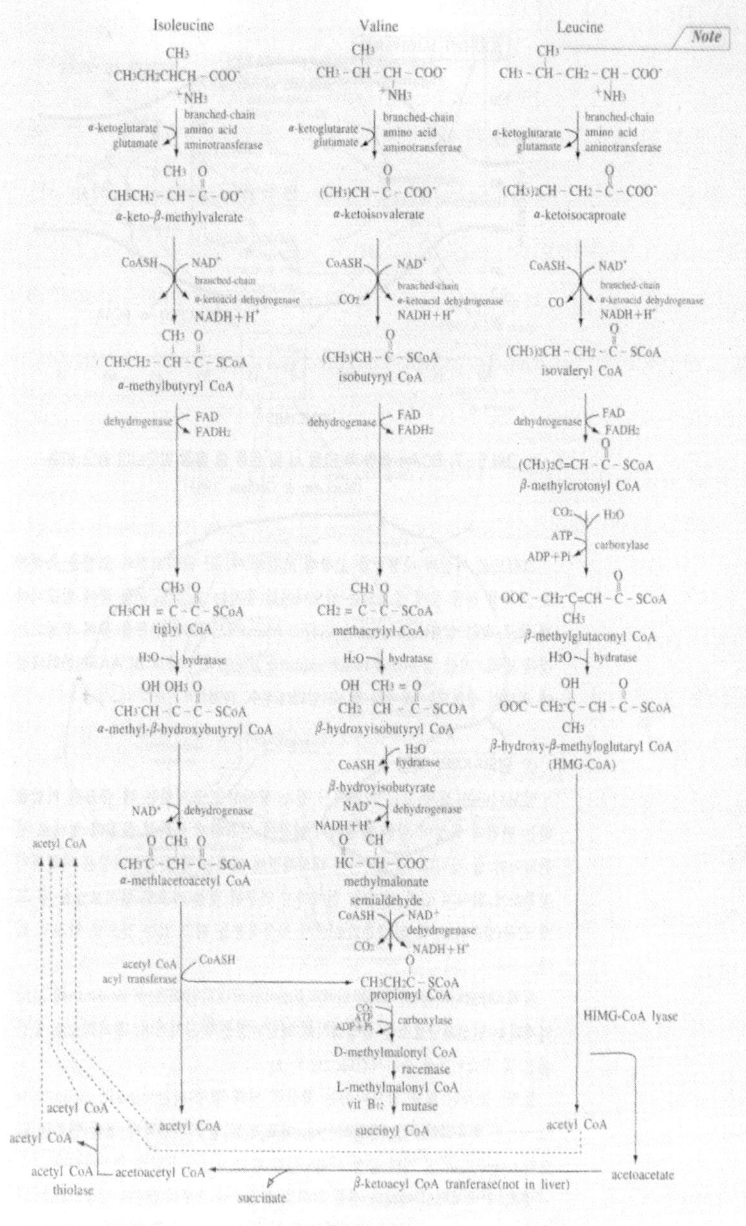

Figure 1-2. Metabolic pathways of BCAA[38].

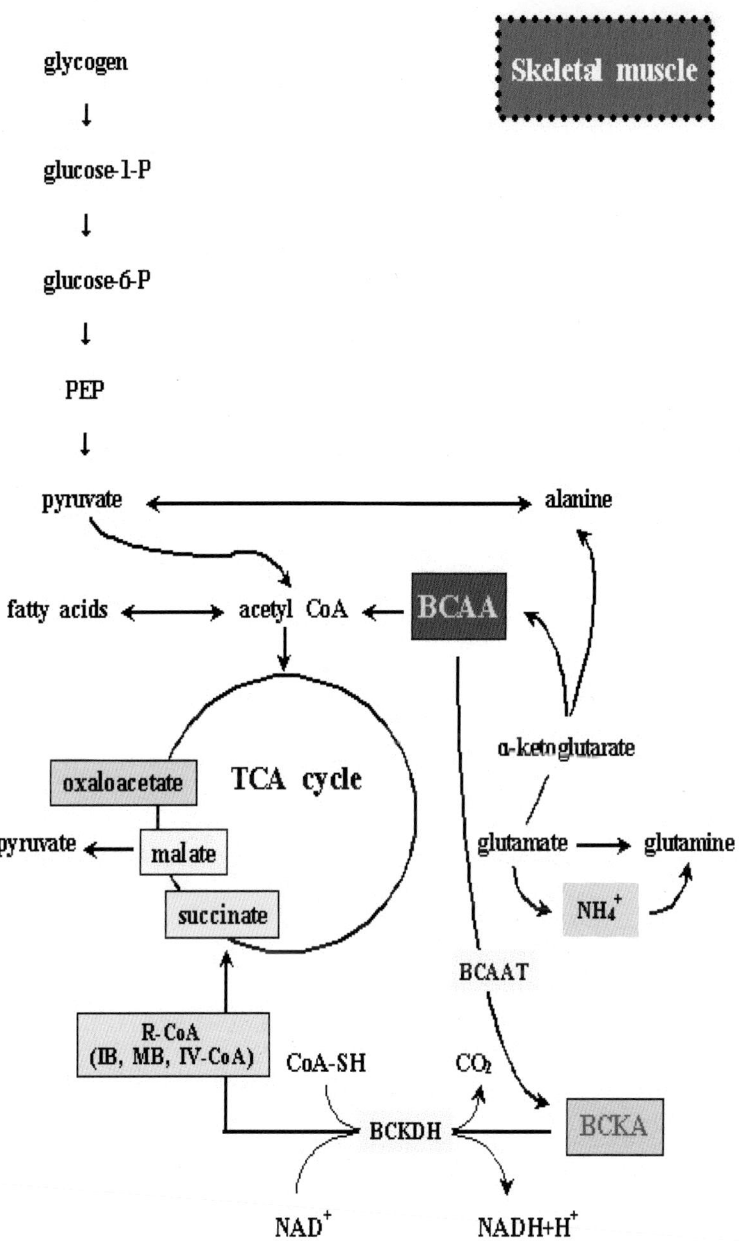

Figure 1-3. Metabolism of BCAA in skeletal muscle.

근육에서의 isoleucine, leucine, valine의 아미노기는 glutamate와 곁가지 사슬 케토산(BCKAs)을 만드는 α-ketoglutarate로 전이되며, glutamate의 아미노기는 alanine을 만들고 α-ketoglutarate를 재생시키는 pyruvate으로 전환된다(Figure 1- 3).

Ⅳ. Ergogenic aid

고대 그리스 시대의 선수들은 경기력 증강을 위해서 시합 전 커피 열매를 씹었다는 기록이 있다.[22] 선수들은 체력 향상을 위한 트레이닝뿐 아니라 음식과 보조식품을 통한 체력유지에 많은 관심을 보이고 있으며, 국가대표 선수들은 정기적으로 행하는 국내의 각종 경기와 더불어 아시아 대회, 세계 선수권 대회 및 4년마다 한 번씩 열리는 올림픽에 태극마크를 달고 출전하여 금메달을 따기 위하여 끊임없는 훈련을 거듭하고 있다. 또한 효과적인 경기력 향상과 지속적인 관리를 위하여 보조제에 관한 연구에도 관심을 보이고 있다.

임기원 등은 운동선수들이 식품에 대한 기대심리가 높아서 섭취하는 식품의 효과가 경기력 향상과 직결된다고 생각하고 있으나, 즉각적인 향상을 초래하는 경우는 기대하기 어려우므로 적절한 에너지 섭취와 피로 회복, 최상의 컨디션 유지에 초점을 맞추어 시합에 임할 수 있도록 지도하는 것이 중요하다고 지적하였다.[2]

최근 보충제 및 식이 섭취에 대한 의식이 고취되면서 보충제 및 식이 섭취 방법 및 형태에 대한 연구가 활발히 진행되고 있다. 축구선수에서 고당질 식이가 경기 전·후 혈중 지질 및 인슐린 농도에 미치는 영향에 대한 연구가 있으며,[23] 고강도 운동에서 크레아틴 섭취로 근육 내 phosphocreatine(PCr) 함량이 증가하고, ATP의 재생성으로 인해 운동수행력의 향상을 가져온다는 연구 결과가 있다.[24] 크레아틴의 섭취로 휴식기 동안 체내 PCr의 빠른 재생을 도모하여 반복되는 운동수행능력을 향상시킨다는 연구 결과도 있다.[25),26] 또한 운동수행과 관련하여 Hultman과 Greenhaff는 30초 동안의 최대 강도의 운동에서 PCr이 ATP 생성에 중요한 기질이 되는 것으로 보고하였으며[27], Wilmore와 Costill은 ATP와 PCr의 내인성 저장이 3~5초 동안 all-out 스프린트 시 근육의 에너지 요구를 충족시켜 준다고 하였다.[28] 그 밖의 연구에서 크레아틴 투여는 근세포 내 PCr의 저장량을 상승시킨 것과 관련이 있으며,[26] 회복 시 PCr의 재합성률이 증가한 것과 양의 관계가 있다고 보고하였다.[29]

또한 보충제에 관한 연구로는 카르니틴 및 항산화제 보충이 지구성 운동수행능력의 상승효과와 더불어 혈청 지질의 개선 효과가 있으며, 글리코겐의 절약 효과가 있고 에너지 기질로서 지방산을 많이 이용하게 되어 지구성 운동능력을 증가시키기 위한 보조제로 효과가 있음을 보고하였다.[30] 또한 타우린 및 카르니틴, 글루타민의 보충이 혈장 유리 아미노산 농도와 운동수행능력 향상을 위한 보충제로서 유의적인 효과를 초래하지 않았다는 연구도 있다.[31]

최근에는 아미노산에 관한 다양한 기능이 알려지면서 아미노산 보충제가 일본, 미국 및 유럽에서 폭발적인 인기를 얻고 있는 가운데 국내에서도 식품산업 및 건강기능성식품 분야에서 관심을 끌고 있다. 일본의 경우, 이미 소비자들이 아미노산 관련 제품에 엄청난 호응을 보이며 제품이 활성화되고 있어 학자들 사이에서는 「21세기는 아미노산의 시대」라는 전망이 나올 만큼 인기가 절정에 달하고 있다. 특히 분지 아미노산인 BCAA에 대한 관심이 모아지고 있는 가운데 BCAA 보충에 관하여 Blomstrand 등은 BCAA 드링크를 마라톤과 크로스컨트리 시합에 참가한 선수들에게 섭취시켜 효능을 연구하였다.[32]

BCAA의 14일간의 보충이 40km 사이클 능력을 향상시키는 것으로 보고된 바 있고,[33] 근육 내 glutamine과 alanine의 합성을 촉진하여 TCA 사이클을 통한 에너지원으로 작용하여[34] 운동 전·후에 발생할 수 있는 근육의 피로를 감소시키고 특히 leucine은 단백질 합성을 촉진하는 것으로 보고되었다. 운동으로 인한 에너지 소비가 근골격근에서 BCAA의 산화를 증가시키고, 지방산 산화를 촉진하면서 BCAA의 요구량이 증가되었다는 보고도 있다.[35]

아미노산 대사는 근글리코겐의 고갈을 초래하는 지구성 운동 시 발생되는 중추피로의 원인과 관련이 있는 것으로 보고된 바 있다.[36] 이러한 작용은 지구성 운동을 하는 동안 ATP의 합성을 위해 동원된 근육 내 글리코겐이 감소하면서 대체 에너지원으로 BCAA가 동원되는 과정에 생성되는 암모니아가 젖산과 더불어 근육피로를 유발하는 것으로 설명할 수 있다.[37]

BCAA 보충효과에 대한 대부분의 연구는 단시간 섭취 후 지구성 운동에 대한 연구 결과로 중추피로 및 대체 에너지원으로서의

효과만을 관찰하였을 뿐 BCAA의 장기간 섭취와 운동능력의 향상
에 대한 연구는 미비한 실정이어서 BCAA의 장기간 섭취가 운동
능력에 미치는 영향에 관한 연구가 필요할 것으로 사료된다.

참고문헌

1. 이명천, 김미혜, 홍희옥, 김영수. 우수선수의 운동 종목별 영양권장량 설정. *운동영양학회지*, 4(1): 1-20, 2000.

2. 임기원, 서혜정. 경기력 향상을 위한 식품과 영양처방. *한국체육학회지*, 41(1): 519-531, 2002.

3. Tarnopolsky, M. Evaluation of protein requirements for trained strength atletes. *Am. J. Appl. Physiol.*, 73: 1986-1995, 1992.

4. Okamura, K., Dio, T., Hamada, K., Sakurai, M., Matsumoto, K., Imaizumi, K., Yoshioka, Y., Shimizu, S., and Suzuki, M. Effect of amino acid and glucose administration during posterxercise recovery on protein kinetics in dogs. *Am. J. Physiol. Endocrinol. Metab.*, 272: E1023-1030, 1997.

5. Levenhagen, D. K., Gresham, J. D., Carlson, M. G., Maron, D. J., Borel, M. J, and Flackoll, P. J. Post exercise nutrient intake timing in humans is critical to recovery of leg glucose and protein homeostasis. *Am. J. Physiol. Endocrinol. Metab.*, 280: E982-993, 2001.

6. 이명천, 김재호, 이재완, 이명희, 조성숙. 국가대표선수의 경기력 향상을 위한 식단구성에 관한 연구. *체육과학논총*, 3(4): 4-36, 1992.

7. 우순임, 조성숙, 김경원. 운동선수들의 영양지식과 영양소 섭취 상태에 관한 연구. *운동영양학회지*, 1(2): 1-20, 1997.

8. Grandjean, A. Macronutrient intake of US athletes compared with the general population and recommendations made for

athletes. *Am. J. Clin. Nutr.*, 49: 1070-1076, 1989.

9. 김지현, 조여원, 조미란, 선우섭. 배구선수에서 Training과 Detraining 기간의 식행동 및 혈중 지질농도. *대한지역사회영양학회지*, 4(2): 231-238, 1999.

10. 강형숙. 국가대표 체조선수의 영양 섭취 상태 및 활동량, 식습관, 음식 및 식품 기호도에 관한 조사. 석사학위논문. *경희대학교 체육대학원*, 1999.

11. Shoaf, L. R., McKlellan, P. D., and Birskovich, K. A. Nutrition knowledge, interests and information sources of male athletes. *Am. J. Nutr. Edu.*, 18(6): 243-245, 1986.

12. 조성숙. 운동전문인의 영양에 대한 지식과 식품 섭취 패턴에 관한 연구. 석사학위논문. *연세대학교 대학원*, 1994.

13. Steen, S. N., Oppliger, R. A., and Brownell, K. D. Metabolic effects of repeated weight loss and regain in adolscent wrestlers. *JAMA*, 260: 47-50, 1988.

14. 이명천, 김영수, 박현, 조성숙. 체급종목 선수의 체중조절 및 영양 관리에 관한 연구. *체육과학연구논집*, 8(3): 1-18, 1997.

15. 이장규, 김찬, 김철현, 표재환, 권영우, 김진해, 김창근. 성장기 태권도 선수들의 체중감량 실태조사. *제39회 한국체육학회 학술발표회 논문집*, pp.592-597, 2001.

16. 김영우. 태권도 시범자와 경기자의 각근력 및 각근파워 비교. 석사학위논문. *경희대학교 체육대학원*, 1999.

17. 김철현, 김찬, 지준원, 표재환, 오효선, 최용어. 일부 체급경기 선수들의 체중감량 실태조사. *대한스포츠의학회지*, 19(1): 49-61, 2001.

18. 대한태권도 협회. 태권도 경기규칙 해설집. pp.3-34, 2004.

19. 김형일, 이상욱, 이수천. Weight cycling 시 레슬링 선수의 신체구성 및 혈액성분의 변화. *제34회 한국체육학회 학술발표회 논문집*, pp.468-471, 1996.

20. Jeffry, F. W., Wing F. F., and French, S. A. Weight cycling and cardiovascular risk factors in obese men and women. *Am. J. Clin. Nutr.*, 55: 641-644, 1992.

21. Steen, S. N., and McKinney, S. Nutrition assessment of college wrestlers. *Phys. Sportmed.*, 14: 100-105, 1986.

22. 김영수. 경기력향상을 위한 영양보조제. *체육과학연구원 자료집*, pp.763-778, 2000.

23. 백영호. 고 탄수화물식이와 고지방식이가 축구선수의 경기 전·후 혈중 지질 및 호르몬에 미치는 영향. *운동영양학회지*, 6(2): 169-177, 2002.

24. 윤종대. 단기간의 크레아틴 지속투여와 간헐투여가 유도선수의 신체조성과 반복적인 고강도 운동수행능력에 미치는 영향. *운동과학학회지*, 10(2): 109-124, 2001.

25. Harris, F. C., Söderlund, K., and hultman, E. Elevation of creatine in resting and exercised muscle of normal subjects by creatine supplementation, *Clin. Sci.*, 83: 367-374, 1992.

26. Balsom, P. C., Harridhe, S. D. R., Soderlund, K., Sjödin, B., and Ekblom, B. Creatine supplementation perse dose not enhance exercise perfomance. *Acta. Physiol. Scand.*, 149: 521-523, 1993.

27. Hultman, E., and Greenhaff, P. L. Skeletal muscle energy metabolism and fatigue during intense exercise in man. *Sci. Prog.*, 75: 361-370, 1991.

28. Wilmore, J. H., and Costill, D. L. Physiology of sport and exercise(2nd ed.). IL. *Human Kinetics*, 1999.

29. Greenhaff, P. L., Bodin, K., Söderlund, K., and Hultman E. The effect of oral creatine supplementation on skeletal muscle ATP degradation during repeated bouts of maximal voluntary exercise in man. *J. Physiol*, 478: 149-155, 1994.

30. 차연수, 김유진, 이열. 지속성 운동과 Carnitine 및 복합항산화제 투여가 흰쥐의 지방대사와 Carnitine대사 및 운동지속시간에 미치는 영향. *한국영양학회 춘계 연합학술대회*, 5: 182, 2001.

31. 백일영, 박태선. 지구력 운동수행 시 타우린, 카르니틴 및 글루타민 복용이 혈장 미량원소농도에 미치는 영향. *한국영양학회 학술대회 논문집 포스터발표*, 6(P-25): 133, 2000.

32. Blomstrand, E., Hassmen P., and Newsholme, E. A. Administra- tion of branched-chain amino acids during sustained exercise- Effects on performance and on plama concentration of some amino acids. *Eur. J. Appl. Physiol.*, 65: 83-88, 1991.

33. Hefler, S. Branched-chain amino acid(BCAA) supplementation improves endurance performance in competitive cyclists. *Med. Sci. Exer.*, 27: S-149, 1995.

34. 김재철, 김경태, 김창근. 채식인의 BCAAs 섭취 후 지구성 운동시 나타나는 혈중 에너지 대사 물질의 변화. *한국체육학회지*, 41(5): 981-990, 2002.

35. 김완수, 지상철, 안의수. Branched-chain amino acids와 ornithine α-ketoglutarate 혼합 투여가 흰쥐의 혈장 아미노산, 뇌 트립토판 농도 및 지구성 운동수행에 미치는 효과. *운동영양학회지*, 1(2): 97-109, 1997.

36. Blomstrand, E. Influence of ingesting a solution of branched-chain amino acids on perceived exertion during exercise. *Acta. Physiol. Scand.*, 159(1)：1-49, 1997.

37. Shimomura, Y. Effects of exercise and nutrition on branched-chain amino acid metabolism. *sport science congress 2002 busan asian games*, pp.181 -186, 2002.

38. 박현, 김영수, 김완수, 오재근, 이근일, 최병범. 운동생화학. *라이프 사이언스*, 2003.

Chapter 2.

대학 태권도 선수에서 시합 준비기 12주간의
영양소 섭취 상태 및 체중감량 실태조사

I. 서 론

운동선수들의 경기수행능력은 선천적인 자질과 동시에 과학적인 프로그램을 통한 트레이닝에 의해 발휘되며, 선수 개인의 자질과 트레이닝을 통하여 습득된 기량의 발휘는 힘의 근원인 열량과 영양소의 충분한 섭취 없이는 이루어질 수 없다. 충분한 영양공급은 선수들의 경기력 향상 및 체력증가뿐만 아니라 심리적 안정과 훈련 후의 피로를 감소시킨다. 따라서 경기 전·후의 영양소 섭취 상태는 운동수행에 매우 중요하며 특히 체중감량이 불가피한 체급경기 선수들에서는 더욱 중요하다. 또한 적절한 영양공급을 통한 선수들의 체력관리는 선수들 개개인이 가지고 있는 최대 기량을 발휘할 수 있는 원동력이 될 수 있다.

선행연구를 살펴보면, 조성숙은 운동선수의 영양 상태 및 영양공급의 중요성에 대하여 언급한 바 있으며[1], Shoaf 등은 대학 재학 중인 운동선수에서 영양교육을 받을 기회가 매우 적고, 주요 영양지식을 부모나 코치, 매스컴 등에서 얻어 이를 시행함으로 운동수행에 도움이 되는 것으로 믿고 있음을 지적하면서 대학에서 강의를 통한 영양교육의 필요성을 강조하였다.[2] Steen과 McKinney도 운동선수들의 기초적인 영양지식은 매우 낮으며, 특정 식품의 잘못된 효과나 민간요법 등을 신뢰하고 있는 것으로 보고하였다.[3]

국내에서는 국가대표선수의 경기력 향상을 위한 식단구성[4]과 운동선수에 대한 영양교육의 필요성 및 운동선수들의 영양지식 및 영양정보에 관하여 조사된 바 있으며[5], 또한 체급종목 선수들의 체중조절 및 영양관리에 관한 연구가 있다.[6,7]

운동선수에게 적절한 영양소 공급을 하기 위하여 우리나라 국가대표 하키선수들을 대상으로 영양소 섭취 상태를 조사한 바에 의하면, 하키 선수들의 하루 총 열량 섭취는 성인 1일 열량권장량의 1.7배였으며, 이는 선수들이 필요로 하는 열량의 81.9%였다.[4] 또한 빙상, 레슬링 선수는 각각 필요한 열량의 71%(2,440kcal), 74%(3,597kcal)를 섭취하고 있어 다른 운동 종목 선수에 비해 충분한 섭취를 하지 않고 있는 것으로, 이는 시합을 위해 체중을 낮게 유지하려는 목적인 것으로 보고하였다.[5]

Grandjean은 운동선수의 경우, 필요한 에너지를 보충하기 위해서는 당질의 섭취를 높이고 지방의 섭취가 지나치게 높지 않도록 교육 및 식사처방이 있어야 할 것을 주장하였고[8], 김지현은 선수들의 경기가 계속적으로 이루어지는 기간 동안의 식이 섭취에서 특히 단백질, 철분, 비타민 A의 섭취가 휴식기에 유의적으로 감소하는 결과를 보고하면서 선수들의 식이 섭취 관리가 휴식기에도 필요함을 강조하였다.[9] 또한 최미자는 체급종목에 속하지는 않으나 경기 전 체중감량이 요구되어 극단적으로 식이 섭취를 제한하는 체조선수들은 경기력 저하는 물론 건강을 해치는 결과를 초래하는 것으로 보고하였다.[10]

일반적으로 태권도 선수들은 자신이 속한 체급보다 하위체급으로 출전하기 위해 시합 때마다 체중감량을 반복하므로 단기간의 식이제한 및 무리한 체중감량이 불가피한 실정이다. 따라서 본 연구에서는 태권도 선수들을 대상으로 하여 시합 준비기 12주간의 영양소 섭취 상태를 시합 14주 전과 시합 8주 전, 시합 2주 전으로 나누어 조사 비교하였으며, 영양지식 정도는 인지도 조사 설문지를 통하여 선수들의 영양지식을 평가하였다. 또한 체중감량 실태 조사를 통해 선수들의 체중감량방법 및 감량으로 인한 신체적, 심리적 징후와 경량급, 중량급 선수들의 체중감량 정도 및 감량 빈도를 조사하여 태권도 선수들의 체급을 고려한 경기력 향상을 위한 기초 자료를 제공하고자 한다.

Ⅱ. 연구방법 및 내용

1) 연구 대상자 및 조사 기간

본 연구는 K대학과 Y대학에서 선수로 활동하고 있는 남자 태권도 선수 48명을 대상으로 시합 준비기인 12주(2002년 1월 7일～2002년 3월 30일)동안 시합 14주 전과 시합 8주 전, 시합 2주 전으로 나누어 영양소 섭취 상태를 조사 비교하였다.

시합 14주 전은 휴가를 마치고 훈련을 위해 합숙하는 시점이었고, 시합 12주 전은 훈련 시작 후 6주째였으며, 시합 2주 전은 12주째로 시합을 2주 앞둔 시기였다. 선수구성은 핀급에서 헤비급까지 8체급 모두가 포함되었으며, 올림픽 체급 기준에 의해 경량급(68kg 미만)과 중량급(68kg 초과)으로 구분하였다.

2) 영양지식 조사

영양지식 조사는 기초영양, 운동영양, 영양 보충제에 관한 설문지(Appendix B-3)를 대상자 스스로 기록하도록 하였다. 기초 영양지식은 급원식품, 영양소의 균형 등에 관한 내용으로 10문항으로 구성하였고, 운동 영양지식은 경기 전 식사, 체중조절 식사, 수분보충, 훈련 시의 식사 등에 관한 내용으로 10문항, 그리고 영양 보충제에 관한 지식은 단백질 보충, 비타민 및 무기질 보충, 스포츠음료 등에 관한 내용 5문항으로[2),5),10)] 총 25문항으로 구성하였다.

3) 영양소 섭취 상태 조사

본 연구 대상자들의 영양소 섭취량 조사는 24시간 기억회상법(24-hr recall method)을 이용한 개별 면접법으로 시합 14주 전, 시합 8주 전, 시합 2주 전에 각각 평일 2일, 주말 1일을 포함하여 총 3일의 식이 섭취량을 조사하였다. 하루에 섭취한 음식의 종류, 분량, 재료명 등을 상세히 조사하기 위해 식품모델(Food Model)과 식품 눈대중량 자료[11)]를 사용하였다. 본 연구에서 사용된 태권도 선수의 영양권장량은 한국인의 영양권장량 제7차 개정판[12)]에 제시된 것으로 다음의 공식을 이용하여 계산하였다.

개인별 권장량＝[휴식 시 대사량×활동계수]로 휴식 시 대사량은 19세 미만인 경우, (17.5×체중)+651, 19세 이상인 경우, (24.5×체중)+85 공식을 적용하여 계산하였으며, 활동계수는 2.1(심한활동 −

남자)을 적용하였다.

섭취한 음식의 영양소(탄수화물, 단백질, 지방, 비타민 및 무기질) 분석은 한국영양학회에서 제작한 컴퓨터 보조영양 분석프로그램(Computer Aided Nutrition Analysis Program; CANAP)을 이용하였다.[13]

4) 기호도 조사

기호도 조사는 대한영양사회에서 개발한 설문지(현민 시스템)(Appendix B-2)를 이용하여 알코올, 커피 섭취량 및 흡연 여부에 관해 선수들 스스로 기록하도록 한 후, 조사자와 개별 면담을 통해 확인하였다.

5) 체중감량 실태조사

체중감량 실태조사는 설문지(Appendix B-1)를 이용하여 자료를 수집하였으며, 설문지는 Steen과 Brownell14)의 조사내용을 기초하여 우리나라 체급 선수를 대상으로 재구성한 설문지를 이용하였다.[15] 내용은 일반 사항(체격, 선수경력 등), 체중감량 교육 실태(교육경험, 교육자 등), 체중감량 실태(감량 여부, 감량동기, 감량 시기 등), 체중감량 경향(감량 기간, 감량 정도, 감량방법 등)과 감량 후 신체적, 심리적 증상에 관한 문항 등 총 31문항으로 나누어 조사하였다.

6) 자료 분석

통계분석은 Statistic Analysis System(SAS) 프로그램 version 8.2를 이용하여 평균과 표준편차를 구하였으며, 경량급과 중량급 선수들의 비교와 기간별 섭취량 비교는 GLM으로 분석하여 Duncan's multiple range test로 유의성($p < 0.05$)을 검증하였다.

Ⅲ. 연구 결과

1) 연구대상

본 연구에서는 대학 태권도 남자선수 48명을 대상으로 올림픽 체급 기준인 68kg을 기준으로 하여 경량급(22명)과 중량급(26명)으로 나누어 조사하였다.〈Table 2-1〉

경량급에 속한 선수의 평균연령은 19.7±1.1세였으며, 신장은 174.6 ±4.8cm, 선수경력은 8.3±2.2년, 체중은 시합 14주 전과 시합 8주 전, 시합 2주 전에서 각각 67.0±4.4, 68.1±8.2, 65.4±3.7kg으로 시합 2주 전의 체중이 시합 8주 전의 체중에 비해 4% 감량된 상태였다. 또한 중량급 선수의 경우, 평균연령은 19.9±1.2세였으며, 신장은 180.8±3.5cm, 선수경력은 9.3±4.0년, 체중은 시합 14주 전과 시합 8주 전, 시합 2주 전에서 각각 80.7±6.3, 79.2±5.8, 80.5±6.3kg 으로 조사되었다.

Table 2-1. Physical characteristics of subjects

	Age(yrs)	Height(cm)	Career(yrs)	Weight(kg)	
Light weight (≤ 68kg)	19.7±1.1	174.6±4.8	8.3±2.2	pre-14wk pre-8wk pre-2wk	67.0±4.4 68.1±8.2 65.4±3.7
Heavy weight (〉68kg)	19.8±1.2	181.3±3.5	9.3±4.0	pre-14wk pre-8wk pre-2wk	80.7±6.3 79.2±5.8 80.5±6.3

Mean±SD(n=48)

2) 영양지식 조사

태권도 선수들의 영양지식 인지도 조사결과는 〈Table 2-2〉에서 보는 바와 같다. 기초영양지식 정도는 66.9%, 운동영양지식은 60.8%, 영양보충 지식은 44.6%로 나타났다. 또한 영양교육에 관한 기본문항에서 영양에 관해 배운 경험이 없으며(57.4%), 영양에 대한 관심은 보통 이상의 관심이 93.7%로 조사되었으며, 영양에 대하여 알고 싶은 내용은 체중조절식사(56.2%), 경기 전 식사(43.7%), 올바른 식사(31.2%) 순으로 나타났다. 한편 영양정보는 동료나 선후배(53.2%), 감독이나 코치(36.2%), 대중매체(31.9%)를 통해서 얻고 있는 것으로 나타났다.〈Table 2-3〉

Table 2-2. Nutrition knowledge scores of the subjects

	Scores(%)[1]	(range)	No. of Questions
Basic nutrition knowledge	66.9 ± 14.9	(40-90)	10
Athletic nutrition knowledge	60.8 ± 16.1	(50-90)	10
Dietary supplements knowledge	44.6 ± 19.5	(0-80)	5
Average score	57.4 ± 19.2	(48-80)	25

Mean±SD

1) (Real score / possible nutrition knowledge score) × 100

Table 2-3. Interest subjects and routes for nutrition information

		(%)
Experience of nutrition education	Yes	42.5
	No	57.4
Interest in nutrition	Very	45.8
	Moderate	47.9
	No	6.2
Subjects of interest	Weight control	56.2
	Pre-game diets	43.7
	Good food habits	31.2
	Diets during training	27.1
	Muscle mass	22.9
	Supplements	18.7
	Water intake	12.5
	Glycogen stores	2.1
Routes for nutrition information	Friends	53.2
	Coach	36.2
	Mass communication	31.9
	Parents	27.7
	Books	14.9
	Doctor/dietitian	6.4

3) 영양소 섭취 상태 조사

영양소 섭취 상태는 〈Table 2-4〉에서 보는 바와 같이 시합 14주 전의 경우, 경량급(68kg 미만) 선수의 경우, 한국인 1일 섭취권장량과 비교하여 볼 때 권장량의 100%에 해당하는 수준이었으며, 중량급(68kg 초과) 선수의 경우, 권장량의 99%에 해당하는 수준이었다. 또한 시합 8주 전의 섭취량은 경량급, 중량급 선수에서 권장량의 각각 98, 110%에 해당하는 수준이었으며, 시합 2주 전은 권장량의 각각 75, 95%에 해당하는 수준이었다.

시합 2주 전의 경량급 선수들의 경우, 시합 8주 전에 비해 유의하게 감소하였으며, 이는 시합 출전을 위해 체중감량에 들어선 이유 때문인 것으로 사료된다. 아울러 한국인 영양 섭취 권장량에서 제시한 활동에 따른 열량 섭취량에 근거하여 개인별 1일 열량 필요량을 계산하여 평균한 결과, 경량급 선수의 경우, 3,682.8±257.7kcal, 중량급 선수의 경우, 4,310±268.5kcal를 필요로 하였다. 그러나 실제 섭취량과 비교하여 볼 때 매우 낮게 섭취하고 있었으며, 이명천 등이 제시한 체급경기 선수들의 섭취권장량(남자선수 신장: 170∼175cm, 체중: 67∼72kg 기준)인 4,500kcal와 비교하여도 모든 선수들이 매우 낮게 섭취하고 있었다.

Table 2-4. Average daily nutrient intakes during the pre-competition period on pre-14wk, pre-8wk and pre-2wk

	Light weight (≤68kg BW)			Heavy weight (>68kg BW)		
	pre-14wk	pre-8wk	pre-2wk	pre-14wk	pre-8wk	pre-2wk
	Intake (%RDA)			Intake (%RDA)		
Energy (kcal)	2544.7±880.1^a (100.4)	2583.9±775.0^a (98.7)	1963.2±537.6^b (75.3)	2555.5±855.6 (99.5)	2816.1±1003.0 (110.2)	2440.2±531.5 (94.6)**
Protein (g)	90.9±32.5^{ab} (130.3)	96.6±36.4^a (127.0)	73.7±26.9^b (101.4)	85.3±28.01 (118.9)	104.0±40.41 (146.4)	93.5±25.612 (129.7)*
Lipid (g)	69.9±29.0 (-)	76.1±36.7 (-)	60.5±22.6 (-)	66.1±27.1 (-)	87.5±34.9 (-)	77.5±20.7 (-)
Carbohydrate (g)	305.8±121.0 (-)	348.4±98.5 (-)	276.5±69.0 (-)	317.4±88.3 (-)	380.2±138.2 (-)	339.3±77.5 (-)
Ca (mg)	443.0±218.2 (57.0)	525.2±202.0 (72.4)	437.0±195.1 (55.1)	475.9±181.9 (62.8)	516.4±256.7 (67.2)	562.7±326.9 (81.8)*
P (mg)	1148.0±422.5 (150.5)	1220.2±450.1 (146.7)	960.0±378.4 (120.6)	1102.1±385.8 (145.1)	1298.6±527.4 (171.9)	1202.8±402.1 (155.0)*
Fe (mg)	14.5±6.1 (106.5)	15.7±7.2 (114.0)	14.7±7.3 (105.5)	15.3±7.61 (113.8)	20.3±11.02 (154.9)	15.1±6.71 (113.3)
Vit A (R.E)	681.7±284.4^{ab} (103.1)	819.1±278.0^a (118.7)	626.1±260.5^b (89.4)	740.7±316.5 (105.8)	800.8±410.8 (116.8)	723.3±274.6 (103.3)
Vit B$_1$ (mg)	1.6±0.8^{ab} (120.6)	1.7±0.5^a (124.0)	1.2±0.4^b (90.7)	1.5±0.51 (109.4)	1.9±0.62 (137.4)	1.5±0.41 (111.0)**
Vit B$_2$ (mg)	1.2±0.4 (61.8)	1.6±1.2 (81.4)	1.1±0.4 (54.6)	1.3±0.4 (62.7)	1.4±0.5 (70.0)	1.3±0.5 (66.9)
Niacin (mg)	22.4±9.4^{ab} (133.7)	23.6±9.8^a (131.7)	17.3±7.9^b (98.8)	19.7±7.71 (113.8)	25.2±11.02 (146.9)	21.6±6.812 (123.8)
Folate (μg)	241.7±121.5^{ab} (96.8)	211.0±69.0^a (82.9)	161.4±61.1^b (64.5)	249.1±119.9 (99.6)	231.2±88.1 (93.4)	204.5±88.4 (81.8)
Vit C (mg)	121.7±137.8 (170.1)	87.6±39.7 (127.5)	69.1±39.6 (98.8)	87.5±58.1 (125.0)***	85.8±34.1 (118.7)	71.1±59.0 (101.5)*
C:P:F ratio	65.5:19.5:15.0	66.9:18.5:14.6	67.3:17.9:14.7	67.7:18.2:14.1	66.5:18.3:15.2	66.5:18.2:15.3

Mean±SD

Different superscripts and numbers in the same raw are significantly different at p<0.05 level by Duncan's multiple range test.

단백질 섭취량은 경량급 선수의 경우, 시합 14주 전과 시합 8주 전, 시합 2주 전의 기간별 섭취량이 권장량의 각각 130, 127, 101%에 해당하는 수준이었고, 중량급 선수의 경우는 각각 119, 146, 130%에 해당하는 수준이었다. 그러나 근력 향상을 위한 운동선수의 단백질 권장량(1.7~1.8g/kg/day)과 비교하여 볼 때 평균 1.1g/kg/day로 부족한 상태였다. 또한 당질 섭취량은 경량급 선수의 경우, 시합 14주 전과 시합 8주 전, 시합 2주 전의 기간별 섭취량이 각각 305.8±131.0, 348.4±98.5, 276.5±69.0g/day, 중량급 선수의 경우, 각각 317.4±88.3, 380.2±138.2, 339.3±77.5g/day로 조사되었다.

지방 섭취량은 경량급 선수의 경우, 시합 14주 전과 시합 8주 전, 시합 2주 전의 기간별 섭취량이 각각 69.9±29.0, 76.1±36.7, 60.5±22.6g/day였으며, 중량급 선수의 경우는 각각 66.1±27.1, 87.5±34.9, 77.5±20.7g/day로 조사되었다.

탄수화물, 단백질, 지방의 섭취비율은 경량급 선수의 경우 시합 14주 전과 시합 8주 전, 시합 2주 전의 비율이 각각 65.5 : 19.5 : 15.0, 66.9 : 18.5 : 14.6, 67.3 : 17.9 : 14.7로 비슷한 섭취비율을 나타냈으며, 중량급 선수의 경우도 각각 67.7 : 18.2 : 14.1, 66.5 : 18.3 : 15.2, 66.5 : 18.2 : 15.3으로 비슷한 섭취비율을 나타냈다.

칼슘 섭취량은 경량급 선수의 경우, 시합 14주 전과 시합 8주 전, 시합 2주 전에 각각 57, 72, 55%, 중량급 선수의 경우는 각각 63, 67, 82%에 해당하는 수준으로 매우 부족한 섭취 상태를 보였으며, 운동선수 권장량인 1,500mg/day과 비교하여 볼 때 평균 34%의 매우 낮은 섭취 상태를 보였다. 그러나 인 섭취량은 경량급 선수의 경우, 시합 14주 전과 시합 8주 전, 시합 2주 전에 각각

150, 147, 121%, 중량급 선수의 경우는 각각 145, 172, 155%에 해당하는 수준으로 운동선수 권장량에도 해당하는 섭취 상태를 보였다. 한편 철분 섭취량은 경량급 선수들의 경우, 시합 14주 전과 시합 8주 전, 시합 2주 전에 각각 106, 114, 105% 수준이었으며, 중량급 선수의 경우는 각각 114, 155, 113%에 해당하는 수준이었으나, 운동선수 권장량인 18mg/day과 비교하여 볼 때 평균 84%를 섭취한 것으로 부족한 섭취 상태를 나타냈다.

비타민 A 섭취량은 경량급 선수의 경우, 시합 14주 전과 시합 8주 전, 시합 2주 전에 각각 103, 119, 89%에 해당하는 수준이었으며, 중량급 선수의 경우는 각각 106, 117, 103%에 해당하는 수준으로 경량급 선수들의 시합 2주 전에서 다소 부족한 섭취 상태를 보였다.

비타민 B_1과 B_2의 섭취량은 경량급 선수의 경우, 시합 14주 전과 시합 8주 전, 시합 2주 전에 각각 121, 124, 91%와 62, 81, 55%에 해당하는 수준이었으며, 중량급 선수의 경우는 각각 109, 137, 111%와 63, 71, 67%에 해당하는 수준으로 비타민 B_2의 섭취량이 경량급과 중량급 선수 모두 낮은 섭취 상태를 보였다. 이는 운동선수 권장량(0.5mg/1,000kcal)에 비해 61%로 낮은 섭취 상태이다.

나이아신과 엽산의 섭취량은 경량급 선수의 경우, 시합 14주 전과 시합 8주 전, 시합 2주 전에 각각 134, 132, 99%와 97, 83, 64%, 중량급 선수들 경우는 각각 114, 147, 124%와 100, 93, 82%에 해당하는 수준으로 경량급 선수에서는 모든 기간 동안 부족한 상태를 보였으며, 중량급 선수에서는 시합 14주 전과 시합 2주 전에만 부족한 섭취 상태를 보였다. 나이아신 섭취는 운동선수의 권장량(6.6mg/1,000kcal)과 비교하여 볼 때 평균 67%를 섭취하고 있는 것으로 나타나 부족한 섭취 상태를 보였으며, 엽산의 경우도 운동선수 권장량의 75%로 부족한 섭취 상태를 보였다.

비타민 C의 섭취량은 경량급 선수의 경우, 시합 14주 전과 시합 8주 전, 시합 2주 전에 각각 170, 127, 99%에 해당하는 수준이었으며, 중량급 선수의 경우는 각각 125, 119, 101%에 해당하는 수준이었다. 〈Figure 2-1〉

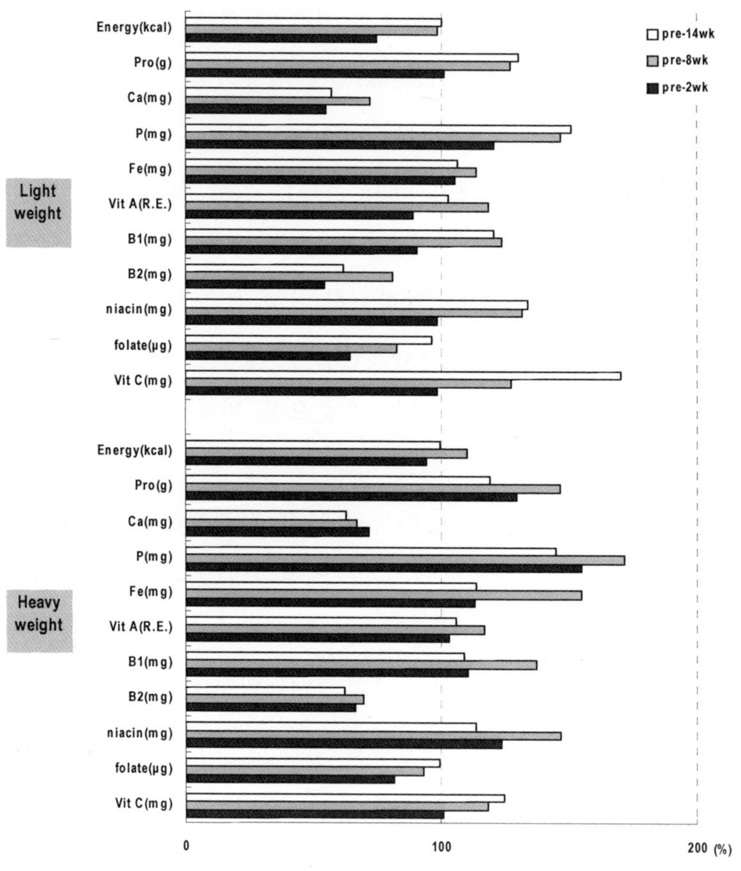

Figure 2-1. Comparison of nutrient intakes with RDA.

4) 기호도 조사

기호도 조사는 〈Table 2-5〉에서 보는 바와 같이 알코올 음용의 경우, 시합기와 상관없이 섭취하는 경우가 70.2%로 조사되었다. 알코올을 섭취하는 선수의 섭취빈도는 한 달에 3회 이상 섭취하는 경우가 64.6%로 1회 알코올 섭취량을 kcal로 환산하여 볼 때, 1,175.1±1026.2 kcal(소주 2병)에 해당하였다. 한편 알코올은 섭취하지만 시합 기간에는 섭취하지 않는 경우가 19.1%였으며, 알코올 섭취를 전혀 하지 않는 경우는 10.6%였다.

커피는 선수의 76.7%가 거의 마시지 않고 있었으며, 1일 1잔 마시는 경우는 18.6%, 2~3잔 마시는 경우는 4.6%로 조사되었다.

흡연 여부에 대해서는 흡연을 하지 않는 경우가 58.3%로 흡연을 하는 경우(41.7%)보다 높았으며, 흡연을 하는 경우, 1일 흡연량은 평균 7.1±5.6개비로 조사되었다.

Table 2-5. Alcoholic drinks, coffee and smoking

(%)

Alcohol	Drink regardless of competition	70.2	1,175.1±1026.2 (kcal)
	Not drinking during competitions	19.1	
	No	10.6	
Coffee	No	76.7	
	1 cup/day	18.6	
	2~3 cups/day	4.6	
Smoking	No	58.3	7.1±5.6 (piece/day)
	Yes	41.7	

5) 체중감량 실태 조사

　태권도 선수 중 체중감량에 대한 교육경험이 있는 36.2%를 대
상으로 감량에 관한 교육 및 상담자를 조사한 결과, 대학교 강의
를 통해 얻는 경우가 52.4%로 가장 많았고, 동료나 선후배를 통해
서 33.3%, 감독이나 코치에 의해서가 14.3% 순으로 나타났
다.(Figure 2-2).

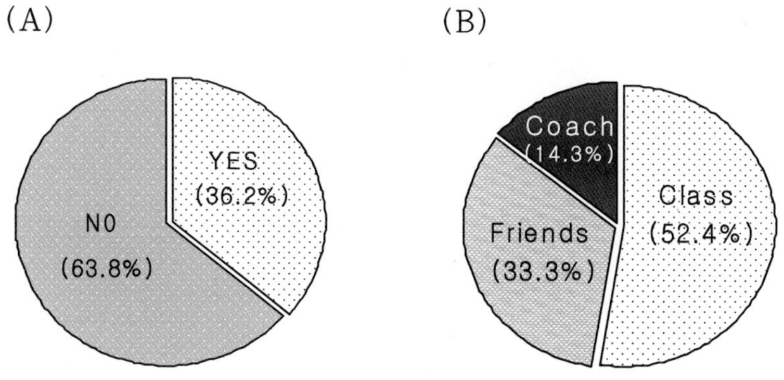

Figure 2-2. (A) Experience of nutrition education and (B)
information source about weight loss.

　체중감량을 처음 실시한 나이는 12.6세로 체중감량의 빈도는 선
수의 반 이상인 51.1%가 시합에 출전할 때마다 체중감량을 실시하
고 있는 것으로 조사되었으며, 때때로 실시할 경우는 33.3%, 체중
감량을 전혀 하지 않은 경우는 15.6%로 나타났다(Table 2-6). 감
량을 하는 이유로는 체중감량을 하여 경기력이 좋아졌던 과거 자
신의 경험 때문이라고 답한 선수가 가장 많았으며(53.8%), 계체량

통과(25.6%), 지도자의 권유(12.8%), 동료의 경험(7.7%) 순으로 조사되었다.

Table 2-6. Frequency and proportion of weight loss before competition

		(%)
Frequency of weight loss	All times	51.1
	Sometimes	33.3
	No	15.6
Motivation of weight loss	Experience in person	53.8
	Pass an weight-in	25.6
	Coach	12.8
	Experience in friends	7.7
Decision of weight loss method	Personality	95.4
	Coach	4.5
Medicine	Not used	47.4
	Personality	36.8
	Friends	7.9
	Pharmacisl	7.9

체중감량방법을 결정하는 데 있어서는 선수의 95.4%가 자기 스스로 결정하여 실행하고 있었으며, 체중감량 시 약물을 사용하지 않은 경우가 가장 많은 것으로 조사되었다(47.4%). 그러나 스스로 약물을 결정하여 사용하는 경우가 36.8%, 친구의 권유와 약사의 처방에 의한 경우가 각각 7.9%로 조사되었다.

① 체중감량 방법

대부분의 체급경기 선수는 경기 시 출전 체급을 위하여 체중감량 혹은 체중을 증가시켜야 하는 부담을 안고 훈련에 임하고 있다.

본 연구 대상자인 태권도 선수의 경우, 인위적으로 감량을 하기 위해 운동, 땀복 이용, 사우나 이용, 식이조절 등의 방법을 택하여 체중조절을 실시하는 것으로 조사되었다(Figure 2-3).

선수의 88.6%가 운동을 통하여 감량을 하고 있었으며, 62.2%가 운동 시 땀복을 착용하여 땀을 내는 방법으로 감량을 실시하고 있었다. 그 외에 식사조절(50%), 사우나 이용(33.4%) 등의 방법을 추가적으로 이용하여 체중감량을 실시하고 있었다. 또한 단식(27.9%) 및 수분 제한(21.4%), 완화제 이용(9.3%) 등의 방법도 행하고 있었으며, 더욱이 인위적으로 구토를 하여 감량을 하는 경우도 6.9%나 있었다.

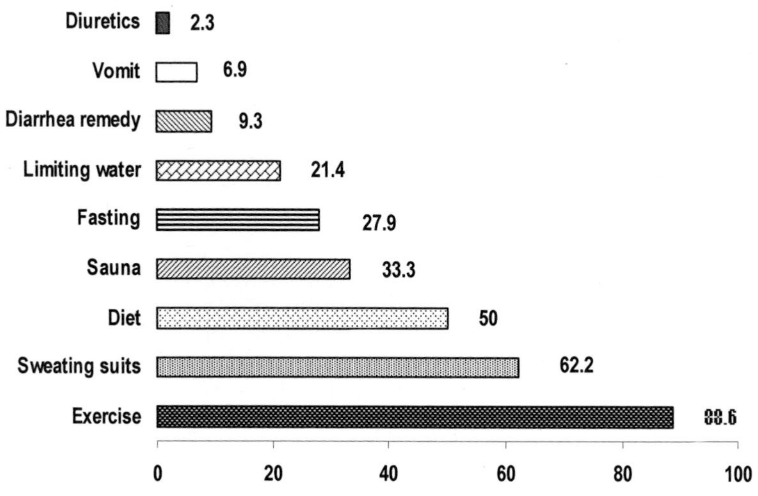

Figure 2-3. Weight control methods used by Taekwondo athletes.

② 체중감량 기간 및 감량 정도

체중감량을 실시하는 기간을 살펴보면 최소 2일에서 28일간(4주)

으로 다양하게 조사되었는데, 〈Figure 2-4〉에서 보는 바와 같이 경량급 선수의 경우는 보통 1~2주간 실시하는 경우가 45.4%로 가장 많았으며, 2~3주간 실시하는 경우도 31.8%나 되었다. 또한 3~4주간 실시하는 경우(13.6%)도 있었다.

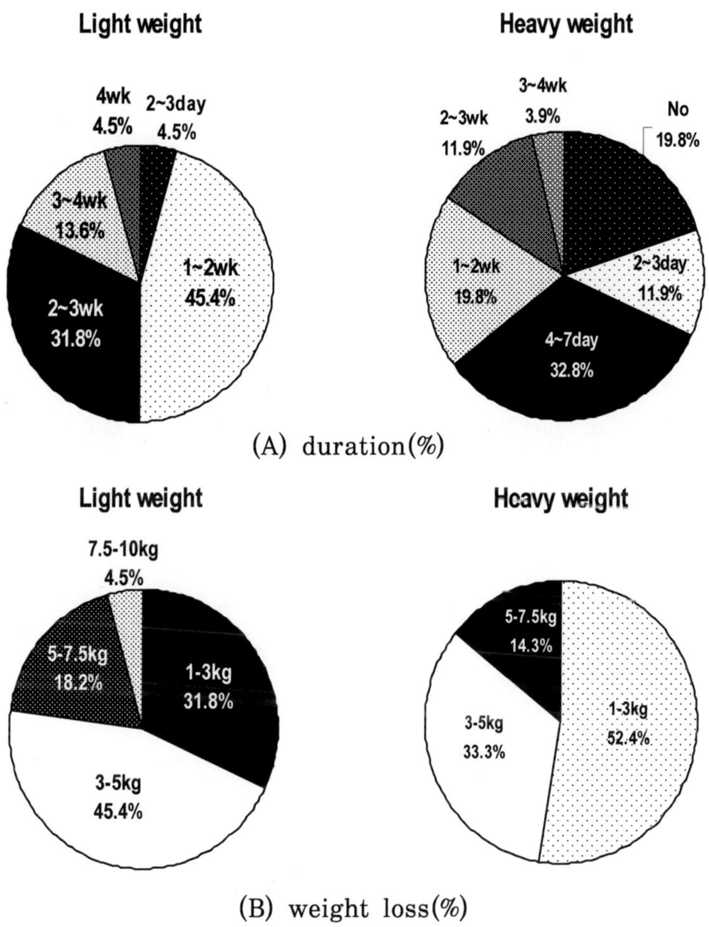

Figure 2-4. Magnitude of duration and weight loss.

중량급 선수의 경우는 4~7일 정도 실시하는 경우가 31.8%로 가장 많았으며, 감량을 하지 않거나, 1~2주간 실시하는 경우가 각각 19.8%, 2~3일간 실시하거나 2~3주간 실시하는 경우가 각각 11.9%로 조사되었다.

체중감량 정도는 경량급 선수의 경우 3~5kg 감량하는 경우가 45.4%로 가장 많았으며, 1~3kg 감량하는 경우도 31.8%나 되었다. 또한 5~7.5kg과 7.5~10kg 감량하는 경우도 각각 18.2, 4.5%였다. 그러나 중량급 선수의 경우 1~3kg 감량하는 경우가 52.4%로 가장 많았으며, 3~5kg과 5~7.5kg 감량하는 경우는 각각 33.3, 14.3%였다.

③ 체중감량 후 신체 및 심리적 징후

경기 출전을 위하여 체중감량을 하는 경우 신체적·심리적 징후가 나타났는데 신체적 징후로 가장 많이 나타난 것은 갈증이 95.5%로 거의 모든 선수들에게서 나타났으며, 다음으로 피로감이 86.4%로 조사되었다(Figure 2-5). 빈혈을 호소하는 경우도 77.3%나 되었으며, 탈진 및 경련을 느끼는 경우도 각각 54.6%, 31.8%나 되었다. 그 밖의 신체적 징후로 잦은 설사 11.4%, 손 떨림 증상과 변비 9.1%, 잦은 복통 6.8% 등의 체중감량 징후를 느끼는 것으로 조사되었다. 또한 심리적인 징후로는 예민해지는 경우가 88.6%로 가장 높았으며, 이유 없이 화가 나는 경우도 59.1%나 되는 것으로 조사되었다. 그 밖에 불안감(22.7%), 혼란(18.9%), 고독(15.9%) 등이었으며, 우울 증상도 11.7%나 되는 것으로 조사되었다.

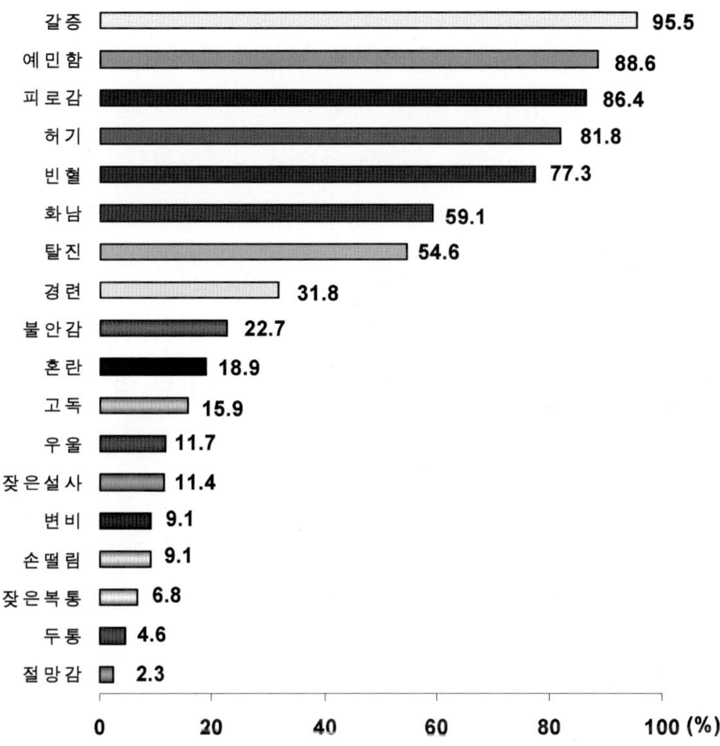

Figure 2-5. Psychological moods and symptoms after weight loss.

Ⅳ. 고 찰

선수들은 본인이 출전하는 체급에 속하기 위해 체중감량에 들어
가는데 감량 기간 동안 식이 섭취량은 매우 부족한 것으로 보고된

바 있다. 본 연구의 결과에서도 선수의 시합 준비기의 영양소 섭취 상태를 경량급 선수와 중량급 선수로 나누어 조사한 결과, 총 열량 섭취량은 경량급 선수의 경우 시합 2주 전에서 권장량의 75% (1,963.2±537.6kcal /day)로 부족한 상태를 보였으며(*p<0.05), 활동 계수 공식에 의한 1일 권장량(경량급 선수 3,682kcal)과 비교하여 볼 때 매우 부족한 섭취 상태였다. 이는 체중감량으로 식이를 제한 하고 있었기 때문으로 사료되는데 특히 중량급 선수보다 경량급 선수에서 유의하게 체중이 감소한 이유는 체중감량 정도가 중량급 선수의 경우 1~3kg 감량하거나, 감량하지 않는 경우도 있었으나, 경량급 선수의 경우는 3~5kg 감량하거나, 5~10kg 감량하였기 때 문이다. 또한 감량 기간이 중량급 선수는 4~7일간 짧게 하는 것에 비해 경량급 선수의 경우, 2~3주간으로 마지막 섭취량 조사 시기 가 시합을 2주 앞둔 체중감량 시기와 일치하여 경량급 선수의 섭 취량이 유의하게 감소된 것으로 사료된다. 이러한 결과는 이명천 등이 제시한 태권도 선수의 섭취 권장량에 비해 매우 부족한 섭취 수준이다.[16]

단백질 섭취의 경우, 경량급과 중량급 선수들 모두 권장량 이상 으로 운동선수들의 단백질 권장량에 해당하는 섭취량을 보였다. 그 러나 Lemon 등이 제시한 근력을 증가시키는 데 필요한 단백질 요 구량(1.7~1.8g/kg/day)[17]과 비교하여 볼 때 경량급 선수들의 경우, 시합 준비기 12주간 평균 1.1~1.4g/kg/day, 중량급 선수들의 경우 평균 0.9~ 1.3g/kg/day로 부족한 섭취 상태였다.

지방은 운동선수들에게 있어 중요 에너지원이므로 총열량의 30%섭취량을 요구하는데, 본 연구에서는 당질, 단백질, 지방의 섭취비율을 권장비율(60~65 : 15~20 : 20)과 비교한 결과 12주 동안 경량급과 중량급 선수 모두 낮은 비율로 섭취하고 있었으며, 태권도 선수에게 권장하는 섭취비율(55 : 15~20 : 30)을 적용해도 모든 선수들의 지방 섭취비율이 탄수화물 및 단백질 섭취에 비해 낮았다. 이는 우순임의 연구 결과[5]와는 상반된 결과로 태권도 선수들의 경우, 체중이 증가하는 것에 대한 염려로 인해 지방의 섭취를 의식적으로 제한하기 때문인 것으로 사료되며, 탄수화물의 섭취의 경우, 태권도 선수에게 권장하는 55%보다 많은 65~67%까지 섭취하는 것으로 나타나 탄수화물과 단백질, 지방 섭취에 대한 기초교육이 필요할 것으로 사료된다.

한편 시합 준비기 12주간 모든 선수에서 칼슘과 비타민 B_2의 섭취가 매우 부족하였으며, 경량급 선수들의 경우, 비타민 A와 비타민 B_1, 엽산의 섭취량도 부족한 것으로 조사되었다. 칼슘 섭취의 부족은 혈액의 칼슘 수순을 징상으로 유지하기 위해 장 내 칼슘 흡수가 촉진되고 골격으로부터 칼슘이 유출되므로 골밀도를 저하시키고 골질량의 감소를 초래할 수 있다. 특히 태권도는 격투 종목으로서 경기 시 골절 등의 부상을 초래할 수 있으므로 충분한 섭취가 필요할 것으로 사료된다. 또한 비타민 B_2의 부족은 피로 및 지구력 감퇴 등의 간접적인 원인이 될 수 있는데, 선수들의 빈번한 피로감 호소는 비타민 B_2 섭취량 부족에 의한 것으로 사료된다.

비타민 A와 비타민 B_1, 엽산의 섭취량도 경량급과 중량급 선수 모두에서 부족하였다. 엽산은 성장과 혈구 형성을 위해 필요하므로 부족할 경우, 거대적아구성 빈혈과 같은 결핍증세가 나타나므로 충분한 섭취가 이루어져야 한다. 본 연구의 선수들이 운동 중 빈혈을 호소하는 것은 엽산의 부족으로 사료되며, 이의 충분한 섭취가 요망된다.

선행연구에 의하면 빙상과 트랙경기, 레슬링 선수의 섭취량이 권장량의 각각 71%, 89.4%, 74.2%(2,440, 3,747, 3,597kcal/day)로 부족하였다.[5] 그러나 이영숙 등은 국가대표 투척선수들의 영양 상태 연구[18]에서, 투척선수의 경우 1일 영양소 섭취량이 한국인 영양권장량보다 600% 이상 높게 나타났고, 전반적으로 다른 영양소들도 비교적 높게 섭취하고 있는 것으로 보고한 바 있어 운동선수들의 영양소 섭취량은 운동종목별뿐만 아니라 개인별로 관리가 이루어져야 할 것으로 사료된다.

체중조절로 인해 부족해진 영양 섭취 상태를 최소화하기 위한 방법으로 김기진은 태권도 선수들을 대상으로 계체 후 식이 섭취 시 에너지 공급을 강조하였고,[19] 레슬링 선수의 경우에는 계체 후 경기 임하기 전 3시간 동안 에너지 공급이 경기 시에 긍정적인 영향을 미치는 것으로 보고하였다.[20] 또한 체급선수들이 계체 후 고탄수화물 위주의 식이를 하는 것에 대한 중요성과 함께 시합 직전의 무리한 체중감량은 후유증을 초래하고 이러한 후유증을 성장기 시절부터 많이 경험하고 있다는 것을 지적하면서 지도자 및 선수들을 대상으로 한 교육의 중요성을 강조하였다.[3,21] 또한 선수들의 영양지식조사에서 체급종목 선수답게 체중조절 식사와 경기 전 식사에 대하여 관심이 가장 높은 것으로 조사되어 체중조절을 하지 않는 종목보다 체급종목인 태권도 선수들이 영양과 체중관리에 대해 관심이 높다는 것을 알 수 있었다.

본 연구의 대상자들은 체중감량을 위해서 식이를 제한하면서도 초콜릿, 사탕, 탄산음료 등으로 허기를 달래고 있었다. 영양과 체중관리에 대해 관심은 있으나 영양지식이 부족한 상황에서 이러한 잘못된 식습관이 계속적으로 반복될 때 심각한 결과를 초래할 수 있다. 따라서 선수들을 대상으로 한 기초영양교육이 시급한 것으로 사료된다. 영양에 대한 정보는 주로 동료나 선후배, 감독을 통해 얻는 것이 대부분으로 나타나 체중조절을 직접 실행해야 하는 선수인 만큼 경험이 많은 동료나 선후배, 감독에게서 정보를 얻는 경우가 많았다. 이러한 경험적 지식에 대한 정보는 잘못된 정보로 전해질 수 있으므로 전문가의 상담을 통해 정보를 얻거나 관리를 받을 수 있는 체계가 필요한 것으로 사료되며, 정기적으로 영양교육을 할 수 있는 제도가 마련되어야 할 것이다.

태권도 선수들은 체중감량이 절대적으로 필요한 종목임에도 불구하고, 체중감량에 대하여 교육을 받아 본 경험이 없었으며(63.8%), 체중감량 교육을 경험한 선수(36.2%)의 반 정도가 대학에서 수업을 통하여 교육을 받은 것으로 나타났다. 그러나 선수들은 시합을 위한 잦은 훈련과 경기로 인해 수업에 불참하는 경우가 많아 수업을 제대로 받지 못하는 실정이었다. 이 또한 하루빨리 개선되어야 할 것이며, 기초적인 영양교육과 함께 체계적인 관리에 의해 실시되어야 할 것이다.

체중감량에 대한 선행 연구로 태권도 선수는 약 3~8일간 평균 3~4kg을 감량하는 것으로 보고한 바 있으나,[22] 본 연구에서는 경량급 선수의 경우, 2~3주간 감량하는 경우가 많았고, 중량급 선수의 경우, 4~7일간 실시하는 경우가 많은 것으로 조사되어 중량급 선수에 비해 경량급 선수가 장기간의 체중감량 기간을 갖는 것으로 나타났다. 또한 체중감량도 경량급 선수의 경우, 3~5kg 감량이 많은 것에 비해 중량급 선수의 경우, 1~3kg 감량하는 경우가 많았다. 특히 경량급 선수에서는 7.5~10kg을 감량하는 경우도 있어 태권도 선수 내에서도 중량급 선수보다 경량급 선수에서 체중감량으로 인한 문제가 심각할 것으로 사료된다.

또한 시합 후의 체중증가에 대해 모든 선수들이 1~5kg 정도의 체중이 증가하는 것으로 나타났는데 이는 체중감량과 증량이 반복되는 weight cycling 현상을 초래하는 것으로서 체력저하뿐 아니라 신체의 항상성 파괴 및 운동수행능력과 경기력의 저하가 우려된다. 체중감량 혹은 경기 종료 후, 체내의 feedback 기전에 의해 다시 본래의 체중으로 되돌아오는 현상인 weight cycling의 반복은 호르몬 분비의 이상 또는 체열생산기전 기능의 감소를 초래한다. 특히 체중감량 후 정상적으로 음식을 섭취해도 에너지를 보다 효율적으로 저장하기 위하여 인슐린 분비가 증가되므로 체중은 빠르게 회복된다.[23),24)] 또한 기초 대사율의 저하로 체지방이 축적되어 오히려 본래의 체중보다 더 증가하게 된다. 김형일 등은 레슬링 선수에서 weight cycling으로 인해 체지방량은 증가하고 제지방량은 감소하는 신체조성의 악순환이 나타난다고 하였고,[25)] 이선장은 태권도 선수의 중·단기 체중감량이 심폐기능 및 무산소성 파워에 미치는 영향에서 체중감량 후 체지방률, 제지방량 및 지방량이 감소한다고 보고하였다.[26)]

대부분의 체급종목은 지도자와 선수 모두 체중증가 혹은 감소한 무게만 가지고 감량의 효과를 인정하므로 이는 체중감량의 정도만 측정할 수 있을 뿐, 감량된 체중이 체지방의 감소에 의한 것인지 혹은 제지방도 포함하여 감량된 것인지 구별할 수 없다. 따라서 바람직한 체중감량은 체내의 지방량을 최대한 감소시키고 제지방량은 최대한 감소되지 않도록 하는 것인데 이것은 제지방이 운동수행능력과 정적인 관계를 갖기 때문이다.[27],[28]

체중감량 후에는 신체 및 심리적 증상이 나타나게 되는데 본 연구의 결과 갈증과 피로감, 예민함 등의 증상이 가장 많았다. 이는 성장기 태권도 선수들의 체중감량 실태를 조사한 연구와 유사한 것으로[7] 반복되는 체중감량과 식이 제한으로 선수들의 심리적 또는 신체적인 건강이 손상될 수 있음을 확인한 결과라 할 수 있다.

최근 태권도 경기 방식이 적극적인 공격에 대한 우세판정과 소극적인 경기태도에 대한 경고 조치가 강화되어 선수들이 공격의 빈도를 높이는 추세이다. 따라서 근파워뿐만 아니라 근지구력이 공격적인 경기를 수행하는 데 중요한 체력요인이 되며, 지속적인 공격을 하기 위한 전제조건이 될 수 있다. 그러나 체중감소는 체지방의 감소와 더불어 근육 조직의 손실까지 초래하여 근력 및 근지구력 등의 운동수행능력을 감소시킬 수 있으며, 체력유지에 악영향을 미칠 수 있다.[29],[30]

그러므로 선수들의 건강을 해치지 않는 적절한 체중조절이 이루어질 수 있도록 선수뿐만 아니라 지도자에게 다양한 영양교육과 체중조절방법을 제시하는 것이 중요하며,[21] 아울러 선수 개개인의 건강 및 체력관리를 위하여 동일한 체급종목일지라도 종목별 특성에 따라 차별적인 교육이 이루어져야 할 것으로 사료된다.

V. 요약 및 결론

태권도 선수 48명을 대상으로 12주간의 영양소 섭취 상태와 체중감량 실태를 경량급과 중량급으로 구분하여 시합 14주 전, 시합 8주 전, 시합 2주 전을 비교 분석한 결과를 요약하면 다음과 같다.

1. 총열량 섭취량의 경우, 경량급 선수는 시합 준비기 12주간 권장량에 비해 낮은 섭취 상태를 보였으며, 단백질은 경량급과 중량급 선수 모두에서 권장량 이상을 섭취하는 것으로 나타났다. 또한 칼슘, 비타민 B_2, 엽산의 섭취량은 모든 선수들에게서 낮은 것으로 나타났다.

2. 영양인지도 조사 결과, 영양교육 경험은 57.4%로 낮게 나타났고, 기초 영양지식은 66.9%, 운동영양지식은 60.8%, 영양보충지식은 44.6% 수준으로 낮게 나타났다.

3. 선수들의 기호도 조사 결과, 알코올 음용은 시합기와 상관없이 섭취하는 경우가 70.2%로 가장 높았으며, 커피는 거의 마시지 않았다. 또한 흡연은 하지 않는 경우가 58.3%로 많았으나, 흡연을 하는 경우, 1일 평균 7개비로 조사되었다.

4. 체중감량은 경기력이 좋아졌던 과거의 경험 때문에(51.8%) 매 경기마다 실시하였고(51.1%), 선수가 스스로 체중감량 방법을 결정하였으며(95.4%), 체중감량을 위한 교육경험은 매우 부족하였다(36.2%). 체중감량 교육은 주로 대학 강의를 통해서 얻고 있었으며(52.4%), 동료나 선후배에게 얻는 경우도 있었다(33.3%).

5. 체중조절 방법으로는 운동(88.6%), 운동 시 땀복 착용(62.2%), 식이조절(50%), 사우나 이용(33.4%) 등이었으며, 감량 기간은 경량급 선수들의 경우 각각 1~2주(45.4%), 3~5kg(45.4%)이었고, 중량급 선수들은 각각 4~7일(31.8%), 1~3kg(52.4%)이었다.

6. 체중감량으로 인한 신체 징후로는 갈증(95.5%), 피로감(86.4%), 빈혈(77.3%), 탈진 및 경련이 각각 54.6%, 31.8%였으며, 심리적인 징후로는 예민함(88.6%), 화남(59.1%), 불안(22.7%), 혼란(18.9%) 등 이었다.

결론적으로 태권도 선수를 위한 정기적인 영양교육이 필요하며, 개인상담을 통한 자기관리 및 자발적 참여의식을 유도하는 것이 중요하다. 따라서 목표체중 설정 및 식사일지 작성, 칼로리 계산에 의한 식이 섭취 등 지속적으로 적용할 수 있는 교육이 정기적으로 실시되어야 하며, 특히 체급종목의 경우, 선수들의 체중조절을 체계적으로 관리해주는 전문인이 필요할 것으로 사료된다. 이는 전문인에 의한 feedback system이 이루어짐으로써 선수들 개개인의 행동 수정과 함께 추후관리가 지속되어야 하기 때문이다.

참고문헌

1. 조성숙. 운동전문인의 영양에 대한 지식과 식품 섭취 패턴에 관한 연구. 석사학위논문. *연세대학교 대학원*, 1984.

2. Shoaf, L. R., McKlellan, P. D., and Birskovich, K. A. Nutrition knowledge, interests and information sources of male athletes. *Am. J. Nutr. Edu., 18(6)*: 243-245, 1986.

3. Steen, S. N., and McKinney, S. Nutrition assessment of college wrestlers. *Phys. Sportmed.,* 14(3): 100-105, 1986.

4. 이명천, 김재호, 이재완, 이명희, 조성숙. 국가대표선수의 경기력 향상을 위한 식단구성에 관한 연구. *체육과학논총*, 3(4): 4-36, 1992.

5. 우순임, 조성숙, 김경원. 운동선수들의 영양지식과 영양소 섭취 상태에 관한 연구. *운동영양학회지*, 1(2): 1-20, 1997.

6. 이명천, 김영수, 박현, 조성숙. 체급종목 선수의 체중조절 및 영양관리에 관한 연구. *체육과학연구*, 8(3): 1-18, 1997.

7. 이장규, 김찬, 김철현, 표재환, 권영우, 김진해, 김창근. 성장기 태권도 선수들의 체중감량 실태조사. *제39회 한국체육학회 학술발표회 논문집*, pp.592-597, 2001.

8. Grandjean, A. Macronutrient intake of US athletes compared with the general population and recommendations made for athletes. *Am. J. Clin. Nutr.,* 49: 1070-1076, 1989.

9. 김지현. Season 후 10일간의 Detraining이 식행동, 체력 및 혈중 지질 농도에 미치는 영향. 석사학위논문. *경희대학교 체육과학대학원*, 1998.

10. 최미자. The relationships among boy fat distribution, blood pressure, blood lipids and exercise in healthy men and women. *동아시아 식생활학회지*, 3(2): 1-20, 1993.

11. 대한영양사회, 삼성 서울병원. 사진으로 보는 음식의 눈대중량, 1999.

12. 한국인 영양권장량 (제7차 개정). 사단법인 *한국영양학회*, 2000.

13. 한국영양학회. 영양평가프로그램 CAN-Pro 2.0, 2002.

14. Steen, S. N., and Brownell, K. D. Patterns of weight loss and regain in wrestlers: Has the tradition changed. *Med. Sci. Exer.*, 22(6): 762-768. 1990.

15. 김철현, 김찬, 지준원, 표재환, 오효선, 최용어. 일부 체급경기 선수들의 체중감량 실태조사. *대한스포츠의학회지*, 19(1): 49-61, 2001.

16. 이명천, 김미혜, 홍희옥, 김영수. 우수선수의 운동 종목별 영양권장량 설정. *운동영양학회지*, 4(1): 1-20, 2000.

17. Lemon, P. W. R., Tarnopolsky, M. A., Macdougall, J. D., and Atkinson, S. A. Protein requirements and muscle mass/strength changes during intensive training in novice bodybuilders. *J. Appl. Physiol.*, 73: 767-775. 1992.

18. 이영숙, 이경옥, 이명천. 국가대표 투척선수의 영양 상태, 식습관, 음식 및 식품 기호도에 관한 실태조사. *제9회 운동영양학회 추계 학술대회*, pp.27-33, 2001.

19. 김기진. 태권도선수의 단기 체중감량 후 재식이 구성이 고강도 운동능력에 미치는 영향. *운동영양학회지*, 6(3): 213-224, 2002.

20. Houston, M. E., Marrin, D. A., Green, H. J., and Thomson, J.

A. The effect of rapid weight loss in physiological functions in wrestlers. *Phys. Sportsmed.*, 9: 73-78, 1981.

21. 김혜영. 유도를 전공으로 하는 대학생들의 식생활 행동에 관한 조사연구. *한국식생활문화학회지*, 10(5): 449-455, 1995.

22. 이영희. 남녀 태권도 선수들의 체중감량상태에 관한 연구. 석사학위논문. *동국대학교 대학원*, 1991.

23. Brownell, K. D., Steen, J. H., and Wilomre, J. H. Weight regulation practices in athletes: Analysis of metabolic and health effects. *Med. Sci. Exer.*, 19(6): 546-556, 1987.

24. 최동욱, 류승필, 이수천, 김영범. Weight cycling에 따른 레슬링 선수의 신체구성 및 혈액 성분변화. *운동영양학회지*, 1(1): 29-43, 1997.

25. 김형일, 이상욱, 이수천. Weight cycling 시 레슬링 선수의 신체구성 및 혈액성분의 변화. *제34회 한국체육학회 학술발표회 논문집*, pp.468-471, 1996.

26. 이선장. 태권도 선수들의 중·단기 체중감량이 심폐기능 및 무산소성 파워에 미치는 영향. *한국체육과학회지*, 7(1): 249-258, 1998.

27. Tipton, C. M., Tcheng, T. K., and Zambraski, E. J. Iowa wrestling study: weight classification systems. *Med. Sci. Exer.*, 8(2): 101-104, 1976.

28. American College of Sports Medicine. Position statement on proper & improper weight loss programs.. *Med. Sci. Exer.*, 15(1): 9-13, 1983.

29. Flanklin, B., and Buskir, B. Effects of physical conditioning on cardiorespiratory function body composition and serum lipids in relatively normal-weight and obese middle-aged women. *Int. J.*

Obesity, 3: 97-109, 1985.

30. Leon, A. S., Cinrad J. Effects of a vigorous walking program on body composition and carbohydrate and lipid metabolism of obese young men. *Am. J. Clin. Nutr.,* 32: 1776-1787, 1987.

Chapter 3.

12주간의 *branched-chain amino acid* 보충이
혈중 아미노산 *profile* 및 근파워에 미치는 영향

I. 서 론

최근 스포츠 학계에서는 경기력을 효과적으로 향상시키기 위하여 과학적인 트레이닝 방법과 함께 보조제(ergogenic aid)에 관한 연구가 활발히 진행되고 있다. 특히 아미노산의 경우, 이전에는 제약 산업에서 연구되어 응용되었으나 최근 들어 아미노산에 관한 기능이 부각되면서 일본, 미국, 유럽에서는 운동과 관련하여 차세대 기능성 식품소재로 자리매김을 하고 있고, 국내에서도 식품산업 및 건강기능성식품 분야에서 새로운 가능성을 보이고 있다. 특히 특수영양식품인 분지아미노산(branched-chain amino acid; 이하 BCAA)은 다양한 측면에서 운동수행능력에 영향을 미치는 것으로 알려지고 있는 가운데 운동 시 근글리코겐을 보존하여 근단백질의 전반적인 분해를 감소시키거나 예방하는 것으로 보고되고 있다.[1]

선수들이 운동을 지속적으로 할 경우, 근육에 저장되어 있는 글리코겐이 고갈되면서 당신생(gluconeogenesis)을 위하여 근단백질의 분해가 증가하기 때문에 혈중 아미노산 농도는 증가한다. 그러나 대부분의 혈장 아미노산이 간에서 이용되는 것과는 대조적으로 BCAA는 주로 근육에서 대사되기 때문에, 지구성 운동 시에는 BCAA 대사율이 증가하여 혈중 BCAA의 농도는 상대적으로 감소한다.[2]

BCAA의 보충은 근육 내 glutamine과 alanine의 합성을 촉진하며, TCA cycle을 통한 에너지원으로도 작용한다.[3] 그러나 이러한 작용은 지구성 운동을 하는 동안 ATP의 합성을 위해 동원된 근육 내 글리코겐이 감소하면서 이를 대체할 수 있는 에너지원으로서 동원되기 때문에 이 과정 중에 생성되는 암모니아가 젖산과 더불어 근육의 피로를 유발할 수도 있다는 연구 결과도 있다.[4]

최근 연구에서는 운동으로 인한 에너지 소비가 골격근에서 BCAA의 산화를 증가시키고, 지방산 산화를 촉진하면서 BCAA의 요구량이 증가하는 것으로 보고하고 있으며,[5] 마라톤과 같이 근글리코겐의 고갈을 초래하는 지구성 운동에서 발생되는 중추피로의 원인이 활동근육 내 아미노산 대사와 관련이 있는 것으로 보고되고 있다.[6] 또한 BCAA의 보충은 운동 전·후에 발생할 수 있는 근육의 손상과 피로를 감소시키고, 특히 leucine은 단백질 합성을 촉진한다는 연구 결과[5]도 있어 스포츠계에서는 BCAA에 대한 비상한 관심과 함께 다각적인 연구를 계획하고 있는 추세이다. 이에 부응하여 산업체에서는 아미노산을 보조제로 편리하게 보충할 수 있는 다양한 보충용 식품을 출시하고 있다.

BCAA 보충에 관한 연구에서는 BCAA가 중추피로에 영향을 미치며,[6] 에너지로 이용된다는 결과[5),6)]를 나타내었으며, Bloomstrand와 Newsholme[7]은 사이클 선수에게 BCAA를 보충시킨 결과 혈장 BCAA의 농도가 증가하고 alanine과 arginine의 농도도 증가하여 근글리코겐 분해가 위약군에 비해 감소하는 것으로 보고하였다. 그러나 BCAA 보충이 운동능력에 미치는 영향에 대한 다각적인 연구는 아직까지 미흡한 실정이며, 대부분의 연구에서 단기간의 BCAA 섭취가 지구성 운동 시 중추피로를 감소시키는 것으로 나타났는데, 이는 BCAA의 섭취가 피로를 유발하는 세로토닌의 분비를 감소시키기 때문인 것으로 조사되었다. 그러나 선행연구에서 보조제 섭취량에 대한 정량화가 되어 있지 않으며, 연구에 소요되는 비용의 부담으로 단기간으로 진행된 연구가 대부분이다.

따라서 운동선수들의 훈련과 시합을 고려할 때 보충제의 섭취는 단기간으로 끝나는 것이 아니라 장기간 섭취로 인한 효과를 판정하여 선수들의 훈련 전·후의 건강 및 체력유지와 경기력에 미치는 영향을 검토하는 것이 바람직하다. 특히 체급경기인 태권도 종목의 경우, 순간적인 파워와 기술이 승패를 좌우하게 되므로, 체중을 감량 혹은 증량하기 위하여 체중조절을 할 때에는 보조제로서의 효용 가치를 검토할 필요성이 요구된다.

따라서 본 연구에서 태권도 선수들을 대상으로 BCAA 보조제 섭취량(2.5g/day, 5.0g/day)을 달리하여, 운동 직전과 직후에 섭취하는 방법으로 12주간 공급하여 위약군과 비교함으로써 BCAA의 섭취량에 대한 정량화를 시도하였으며, BCAA 섭취량에 따른 혈중 아미노산의 농도 변화를 조사하였다. 또한 최대 무기적 파워, 다리 신전 능력 및 무릎관절 등속성 근수축력을 평가함으로써 BCAA 보충이 운동수행능력에 미치는 영향을 조사하고자 하였다.

Ⅱ. 연구대상 및 방법

1) 대상자 및 연구설계

본 연구의 대상자는 K 대학과 Y 대학에서 태권도 선수로 활동하고 있는 남자선수 48명을 대상으로 BCAA 섭취량에 따라 각각 16명씩 3군으로 나누어 half supplemented group (2.5g/day, HSG으로 표기)과, full supplemented group (5.0g/day, FSG으로 표기), 그리고 placebo group (PSG으로 표기)으로 나누어 12주간 구강 섭취시켰다(Figure 3-1).

Experimental Groups	BCAA Supplements (g/day)
PSG (placebo group)	0
HSG (Half supplemented group)	2.5
FSG (Full supplemented group)	5.0

0 wks   12 wks

BCAA Supplement

DA	DA
BA	BA
UA	UA
AA	AA
BC	BC

DA: Dietary assessment   BA: Blood analysis   UA: Urine analysis
AA: Anthropometric assessment BC: Body Composition

Figure 3-1. Experimental design.

공급한 BCAA는 1캡슐 당 70%의 BCAA가 함유되어 있는 보충용 식품((주) Posyko)으로 isoleucine, leucine, valine의 구성비율은 1 : 1.8 : 1.2였으며, 자연에서 존재하는 우유, 달걀, 콩, 쇠고기 등의 BCAA 평균 비율과 한국인 영양권장량에서 제시한 BCAA의 1일 필요량인 isoleucine 12mg/kg/day, leucine 16mg/kg/day, valine 14mg/ kg/day을 참고하여 1일 최적 섭취량(isoleucine 0.31g/day, leucine 0.56g/day, valine 0.38g/day)을 산정하였다.

식이 중 BCAA는 필수아미노산의 40%를 차지하는데 운동선수를 위한 BCAA의 필요량은 아직 제시된 바 없으므로 운동선수들에게 단백질의 권장량을 일반인 권장량의 2배 이상 권장하는 것을 감안하여 HSG의 경우, BCAA 보충량(isoleucine 0.63g/day, leucine 1.13g/day, valine 0.76g/day)을 BCAA 1일 필요량의 1/2에 해당하는 2.5g을 공급하였으며, FSG은 BCAA 1일 필요량인 5g을 공급하여 운동 직전과 직후에 섭취하도록 하였다.

연구 기간은 동계 합숙 훈련이 시작되는 시점인 2002년 1월 7일부터 2002년 3월 30일까지였으며, 훈련은 평균적으로 주중에는 새벽운동(6:00~7:00, 산책 및 구보), 오전운동(10:00~12:30), 오후운동(3:00~5:30), 야간운동(7:30~9:00)으로 나누어 실시하였으며, 토요일은 오전 운동만을 실시, 일요일은 개별적으로 운동을 실시하였다(Table 3-1). 그러나 선수들의 훈련에 관한 세부적인 트레이닝 강도는 통제하지 못하였으며, 또한 식이 섭취 통제는 외식을 가급적 자제하고 평상시 기숙사에서 제공하는 식사만을 섭취하도록 유도하였다.

Table 3-1. Training plan of Taekwondo athletes

Time	Division	Training plan
06:00~07:00	Early-morning	Stretching, running and walking
10:30~12:00	Morning	Physical strength training (long distance running, weight training)
15:00~17:30	Afternoon	Skill practice(kick, competition)
19:30~21:00	Night	Weight training, individual skill practice

대상자의 신체계측, 아미노산 섭취 상태, 혈액 및 뇨 검사, 근력 측정을 연구시작 시 실시하였으며, 같은 항목을 12주 후 연구 종료 시 반복 실시하였다.

① 신체계측

대상자의 신장은 신장계(YM-1, KDS. Korea)를 이용하여 측정하였으며, 체중과 근육량, 체지방량은 생체 전기저항 원리를 이용하여 신체성분을 측정하는 기구인 InBody 3.0(Biospace)를 이용하여 2번 반복 측정한 후 평균치를 산출하였다.

② 아미노산 식이 섭취량 조사

24시간 기억회상법(24-hr recall method)으로 한국영양학회에서 제작한 컴퓨터 보조영양분석프로그램(Computer Aided Nutrition Analysis Program; CANAP)을 이용하여 시합 준비기의 0주, 12주를 각각 평일 2일, 주말 1일로 총 6일분의 영양소 섭취량에서 9가지의 필수 아미노산과 10가지의 불필수 아미노산 섭취량을 조사하였다.

③ 혈액검사

혈액은 보충제 섭취 전과 12주째에 각각 10시간 이상 금식한 후 오전 공복 상태에서 상완정맥에서 10㎖를 채취하여 5㎖은 전혈 그대로 분석 전까지 헤파린 처리하여 냉장보관 하였고, 나머지 5㎖은 원심분리기(Hansin Medical HC-16A, Korea)로 혈청을 분리한 후 분석 전까지 -70OC에 냉동 보관하였다.

아미노산 분석은 ion-exchange chromatography를 이용하여 유리 아미노산 농도를 측정하였다. 포도당, 중성지방, HDL-cholesterol, LDL- cholesterol, urea 등은 Boehringer Mannheim(Germany) 검사시약을 사용하여 자동 생화학 분석기(HITACHI 747, 715, Japan)로 측정하였다.

혈청 free fatty acid(FFA)와 malondialdehyde(MDA)는 같은 방법으로 혈청을 분리한 후, kit(SICDIA NEFAZYME 영연화학, Korea, BIOXTECH LPO–586 Assay. Oxis international. Inc, USA)를 이용하여 자동 생화학 분석기(HITACHI 7150, Japan)와 Spectrophoto- meter(Hewlette Packard 8452A, USA)를 사용하여 각각 측정하였다.

Superoxide dismutase(SOD)는 헤파린 처리된 전혈을 사용하여 자동 분석기(Cobas MIRA Roche, Switzerland)로 검체를 전 처리한 후 분석하였다.

④ 뇨 검사

뇨 검사는 보충제 섭취 전과 12주째에 24시간 동안 뇨를 수집하여 뇨의 총량을 측정한 후 5㎖를 채취하여 분석 직전까지 -70℃에 냉동 보관하였다. Creatinine 농도는 kit(Crea Boehringer Mannhem, Germany)를 사용하여 자동 생화학 분석기(HITACHI 747, Japan)로 측정하였고, UUN(urine urea nitrogen)은 kit(Urea, Boehringer Mannheim, Germany)를 사용하여 자동 생화학 분석기(HITACHI 747, Japan)로 측정하였다.

⑤ 체력측정

대상자의 근력 및 근파워를 평상시와 동일한 내용의 훈련을 실시한 상태에서 보충제 섭취 전과 12주째에 각각 1일 측정하였다.

최대 무기적 파워(Maximum anaerobic power; MAnP)

다리의 최대 무기적 파워는 Bicycle ergometer(Anaero dash compu- tronic 2500, Combi, Japan)를 이용하여 자신의 체중을 부하로 5초간 최대 스피드로 페달을 돌리는 방식으로 총 2회 측정하여 평균값(watt)을 내었다.

다리신전 파워(Leg extension power; LEP)

다리신전근력 측정계(Anaeropress 3500, Combi, Japan)를 이용하여, 무릎을 45° 정도 굽힌 자세에서 180°각도로 최대 신전시켰을 때의 신전파워(watt), 신진속도(m/sec), 신전시간(sec)을 측정하였으며, 최대 파워를 힘(부하파워)과 속도(속도파워) 요인으로 구분하여 파워를 평가하였다. 다리신전 파워의 측정값은 연령과 체중을 입력한 후 부하가 없는 상태로 180° 신전하여 다리길이를 측정하고, 신호음에 맞춰 최대의 힘과 속도를 5~8초 간격으로 5회 측정하여 가장 높은 2개의 평균값을 사용하였다.

등속성 근력(Isokinetic contraction)

무릎관절을 이용한 하지근육의 신전과 굴근의 등속성 근력 및 근파워, 근지구력 측정에는 Cybex 350(Lumax, USA)을 이용하였으며, 측정의 신뢰도를 높이기 위해 측정 전·후 등속성 동력장치

(isokinetic dynamometer)를 보정(calibration)하였다. 즉 피험자를 측정기 의자에 앉힌 후 슬관절의 해부학상 회전축이 동력장치(dynamometer)의 회전축과 일치하도록 가로축과 세로축을 조절나사를 이용하여 조정하였으며, 신근과 굴근 운동 시 하지가 아닌 다른 근육이 관여하는 것을 최소화하기 위해 흉부, 둔부, 대퇴부를 벨트로 고정시켰다. 또한 발목은 경골, 비골 하단의 내·외측 복사 부위 위에 지레 끝에 부착된 발목벨트로 고정시켜 슬관절의 다리 운동을 용이하게 하였다.

운동 범위는 90°에서 180°까지 최대 속도로 신전하고 즉시 180°에서 90°까지 최대 속도로 굴곡하는 동작 시 발휘되는 신근과 굴근의 등속성 근력과 근파워를 측정하기 위하여 근력의 각속도는 60°/sec와 180°/ sec에서 각각 3회 반복 테스트하였고, 근지구력은 각속도 270°/sec 조건에서 20회 반복 실시하였으며, 한쪽 다리의 측정이 끝나고 충분한 휴식을 취하게 한 후 장치를 조정하여 반대편 다리도 똑같은 방법으로 측정하였다.

2) 통계분석

통계분석은 Statistic Analysis System(SAS) program version 8.2를 이용하여 각 항목의 평균과 표준편차를 분석하였고, 선수들의 각 그룹별, 기간별 비교는 GLM으로 분석하여 Duncan's multiple range test로 유의성($p < 0.05$, 0.01, 0.001)을 검증하였다.

Ⅲ. 연구 결과

1) 신체 구성성분

본 연구의 대상자는 K대학과 Y대학의 남자 태권도 선수 48명으로 신체적인 특징은 〈Table 3-2〉와 같다.

Table 3-2. Physical characteristics of the subjects

Variable	Time	Group PSG[1]	HSG[2]	FSG[3]
Age(yrs)		19.8±1.0	20.1±1.1	19.4±1.4
Height(cm)		177.3±6.2	178.7±5.1	178.9±4.1
Career(yrs)		8.9±2.7	8.9±1.4	8.9±2.6
Weight(kg)	pre	74.5±9.8	76.1±10.5	72.8±7.6
	post	75.8±8.2	73.5±10.0	71.8±7.1
%Fat(%)	pre	14.8±1.8	14.1±2.3	14.3±3.4
	post	14.5±1.9	13.2±2.5	13.0±3.2
LBM[a](kg)	pre	65.0±5.7	64.3±8.4	62.9±4.8
	post	64.8±6.5	63.7±8.4	62.4±5.5

All values are Mean±SD
1) PSG: Placebo Supplemented Group
2) HSG: BCAA 2.5g/day Supplemented Group
3) FSG: BCAA 5.0g/day Supplemented Group
a) LBM: Lean Body Mass

평균 연령은 PSG, HSG, FSG이 각각 19.8±1.0, 20.1±1.1, 19.4±1.4 세, 평균 신장은 각각 177.3±6.2, 178.7±5.1, 178.9±4.1cm였으며, 선수

경력은 평균 8년 9개월로 세 군 간의 유의한 차이는 없었다.

BCAA 보충 12주 후 PSG와 HSG, FSG의 평균체중은 각각 75.8± 8.2, 73.5±10.0, 71.8±7.1kg으로 BCAA 보충 전과 유의한 변화가 없었으며, 군 간의 유의한 차이도 관찰되지 않았다.

% fat은 BCAA 보충 후 PSG, HSG, FSG이 각각 14.5±1.9, 13.2± 2.5, 13.0±3.2%로 보충 전의 14.8±1.8, 14.1±2.3, 14.3±3.4%와 비교하여 유의한 변화가 없었으며, 세 군 간의 차이도 관찰되지 않았다. 또한 LBM의 경우도 BCAA 보충 후 PSG과 HSG, FSG이 각각 64.8±6.5, 63.7±8.4, 62.4±5.5kg으로 보충 전의 65.0±5.7, 64.3±8.4, 62.9± 4.8kg과 비교하여 유의한 변화가 관찰되지 않았으며, 세 군 간의 유의한 차이도 없었다.

2) 아미노산 식이 섭취량

① BCAA의 섭취량

식이로 섭취한 BCAA의 섭취량은 〈Table 3-3〉과 같다.

Isoleucine, leucine, valine의 식이 섭취량은 보충 전과 보충 후의 유의적인 변화가 관찰되지 않았으며, 1일 BCAA 식이 섭취량의 총 합계는 연구시작 시 PSG이 8,510.3mg/day, HSG과 FSG는 각각 10,258.6, 12,156.1mg/day였으며, 12주째의 식이 섭취량은 PSG, HSG, FSG이 각각 11,442.2, 10,869.6, 11.888.5mg/day으로 보조제를 포함하여 HSG, FSG의 섭취량이 각각13,369.6, 16,888.5mg/day로 FSG〉HSG〉PSG의 순으로 유의한 차이를 보였다(P〈0.05).

Table 3-3. Intake of BCAA

(mg/day)

BCAA	Time	Group		
		PSG[1]	HSG[2]	FSG[3]
Isoleucine	pre	2,257.7±1026.1	2,724.2±1176.3	3,234.3±1096.0
	post	3,027.5±623.7	2,886.9±1130.6	3,155.8±744.9
Leucine	pre	3,858.2±1714.3	4,609.6±1958.5	5,469.0±1868.5
	post	5,155.5±1012.0	4,879.5±1879.3	5,338.6±1226.6
Valine	pre	2,394.4±1072.2	2,924.8±1284.2	3,452.8±1154.5
	post	3,259.2±684.1	3,103.2±1218.5	3,394.1±775.5
Total Diet	pre	8,510.3±1270.9	10,258.6±1473.0	12,156.1±1373.0
	post	11,442.2±773.3	10,869.6±1409.5	11,888.5±915.7
Total Supplement		0	2,500	5,000
Total		11,442.2±773.3^{a*}	13,369.6±1409.5^{b*}	16,888.5±915.7^{c**}

All values are Mean±SD
Letters with different superscripts in the same raw are significantly different among the groups by Duncan's multiple range test.
*P<0.05, **P<0.001
1) PSG: Placebo Supplemented Group
2) HSG: BCAA 2.5g/day Supplemented Group
3) FSG: BCAA 5.0g/day Supplemented Group

② **Essential and nonessential amino acid 식이 섭취량**

BCAA를 제외한 필수아미노산(essential amino acid; EAA)과 불필수 아미노산(nonessential amino acid; NEAA)의 식이 섭취량은 〈Table 3-4〉와 같다.

EAA의 섭취량은 보충 전과 보충 후 유의한 변화가 관찰되지 않았으며, 세 군 간의 차이도 관찰되지 않았다.

NEAA는 PSG에서 보충 전 섭취량이 28,755.8±1177.7mg/day, 보충 12주째 섭취량이 37,976.3±698.6mg/day로 유의하게(P<0.05) 증가하였으며, HSG와 FSG은 각각 34,504.3±1417.8, 35,853.6±1387.0mg/day으로 유의한 변화가 관찰되지 않았다.

Table 3-4. Intake of essential and nonessential amino acids

(mg/day)

Variabl	Time	Group		
		PSG[1]	HSG[2]	FSG[3]
EAA[a]	pre	10,656.7±837.5	12,735.8±947.7	14,956.9±909.2
	post	14,243.5±482.6	13,591.0±883.3	14,911.7±621.5
NEAA[b]	pre	28,755.8±1177.7	34,504.3±1417.8	41,061.1±1376.1
	post	37,976.3±698.6*	35,853.6±1387.0	39,497.8±869.2

All values are Mean±SD
*P<0.05
1) PSG: Placebo Supplemented Group
2) HSG: BCAA 2.5g/day Supplemented Group
3) FSG: BCAA 5.0g/day Supplemented Group
a) EAA: Essential amino acid (Histidine, Lysine, Methionine, Phenylalanine, Threonine, Tryptophan)
b) NEAA: Nonessential amino acid (Alanine, Arginine, Aspartic acid, Cysteine Glutamic acid, Glycine, Serine, Tyrosine, Proline Taurine)

3) 혈액과 뇨 중의 BCAA 및 amino acid profile

① Serum levels of BCAA

BCAA의 혈액 분석 결과는 <Table 3-5>에서 보는 바와 같다.

보충 전 isoleucine은 PSG이 79.3±7.5μ mol/L로 HSG과 FSG의

각각 65.5±2.4, 63.8±3.6μ mol/L에 비해 유의하게($p<0.05$) 높았으나, 보충 12주째에는 세 군 간의 차이가 관찰되지 않았으며, 모든 군에서 보충 전보다 보충 후 각각 18.8, 29.3, 31.8% 유의하게 증가하였다($p<0.05$, $p<0.01$, $p<0.01$). 또한 leucine의 경우, 보충 전과 보충 후 세 군 간의 차이는 없었으나 HSG와 FSG에서 보충 전보다 보충 후 각각 9.3, 12.4%로 유의하게 증가하였다($p<0.05$, $p<0.05$). Valine은 보충 전과 보충 후 세 군 간의 차이는 없었으나, HSG과 FSG에서 보충 전보다 보충 후 각각 9.4, 12.3%로 유의하게 증가하였다($p<0.01$, $p<0.05$).

Table 3-5. Serum levels of BCAA

$(\mu$ mol/L)

Variable	Time	PSG[1]	Δ%	HSG[2]	Δ%	FSG[3]	Δ%
Isoleucine	pre	79.3±7.5[a]	18.8	65.5±2.4[h]	29.3	63.8+3.6[b]	31.8
	post	94.2±6.9*		84.7±5.0**		84.1±5.2**	
Leucine	pre	164.3±9.8	0.6	149.2±4.2	9.3	144.6±6.6	12.4
	post	165.3±5.4		163.1±6.3*		162.5±10.5*	
Valine	pre	270.8±20.2	9.3	265.8±5.8	9.4	258.8±9.4	12.3
	post	296.1±13.1		290.9±8.2**		290.7±14.9*	

All values are Mean±SEM
Letters with different superscripts in the same raw are significantly different among the groups by Duncan's multiple range test.
* $P<0.05$, ** $P<0.01$ statistically difference between 0wk and 12wk consumption
1) PSG: Placebo Supplement Group
2) HSG: BCAA 2.5g/day Supplement Group
3) FSG: BCAA 5.0g/day Supplement Group

② Serum level of essential and nonessential amino acids

필수아미노산의 항목별 혈액분석 결과는 histidine의 경우, 보충 전 PSG과 HSG이 각각 145.8±6.2, 137.1±4.3mol/L, FSG이 114.6±3.2μ mol/L로 세 군 간의 유의한(p<0.05) 차이가 있었으며, 보충 12주째 PSG은 119.9±9.2μ mol/L, HSG과 FSG는 각각 122.0±6.7, 140.1±7.4μ mol/L로 차이가 없었다. 또한 PSG과 HSG은 보충 전보다 보충 후 유의하게(p<0.05) 감소하였으나, FSG에서는 유의하게 증가하였다(p<0.01).

Lysine은 보충 전 PSG이 204.0±13.6μ mol/L, 보충 12주째 PSG이 225.0±11.7μ mol/L, HSG의 경우에는 각각 217.9±6.6, 253.5±12.8μ mol/L, FSG의 경우에는 각각 208.1±10.1, 255.1±18.1μ mol/L로 보충 전과 보충 후 세 군 간의 차이는 관찰되지 않았으나, 모든 군에서 보충 전보다 보충 후 유의하게 증가하였다(p<0.05, p<0.01).

Methionine의 경우, 보충 전 PSG이 42.0±2.3μ mol/L, 보충 12주째 PSG이 69.9±1.8μ mol/L, HSG의 경우에는 각각 42.0±1.9, 62.9±2.3μ mol/L, FSG의 경우에는 각각 47.9±3.4, 69.6±2.6μ mol/L로 세 군 간의 차이는 관찰되지 않았으나 모든 군에서 보충 전보다 보충 후 유의하게 증가하였다(p<0.001).

Phenylalanine은 보충 전 PSG이 74.6±1.9μ mol/L, 보충 12주째 PSG이 81.6±1.4μ mol/L, HSG의 경우에는 각각 72.9±1.8, 85.5±3.2μ mol/L, FSG의 경우에는 각각 74.9±3.1, 94.8±6.4μ mol/L로 세 군 간의 차이는 관찰되지 않았으나 모든 군에서 보충 전보다 보충 후 유의하게 증가하였다(p<0.05, p<0.01)(Figure 3-2-1).

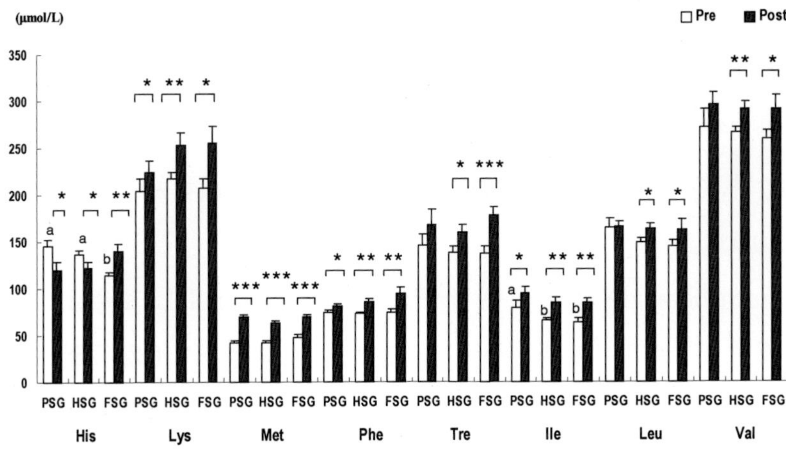

Figure 3-2-1. Serum levels of essential amino acids.

Threonine은 보충 전 PSG이 145.3±12.0μ mol/L, 보충 12주째 PSG이 167.6±17.2μ mol/L, HSG의 경우에는 각각 138.1±6.2, 160.0±8.3μ mol/L, FSG의 경우에는 각각 136.9±8.0, 177.4±9.5μ mol/L 로 세 군 간의 차이는 관찰되지 않았으나, HSG과 FSG에서 보충 전보다 보충 후 유의하게 증가하였다($p < 0.05$, $p < 0.001$).

불필수 아미노산의 항목별 혈액분석 결과는 alanine의 경우, 보충 전 PSG이 620.2±603.5μ mol/L, HSG과 FSG이 각각 447.2±33.4, 367.2± 30.3μ mol/L로 PSG에서 유의하게($p < 0.05$) 높았으나, 보충 12주째에는 PSG이 603.5±42.3μ mol/L, HSG과 FSG은 각각 595.6±55.4, 633.6±74.5μ mol/L로 세 군 간의 차이는 관찰되지 않았 다. 한편 HSG과 FSG에서 보충 전보다 보충 후 유의하게 증가하 였다($p < 0.05$, $p < 0.01$).

Arginine은 보충 전 PSG이 162.5±7.3μ mol/L, HSG과 FSG이 각

각, 126.7±2.6, 122.5±7.9μ mol/L로 PSG에서 유의하게($p < 0.05$) 높았으나, 보충 12주째에서는 PSG이 150.2±10.4μ mol/L, HSG과 FSG은 각각 140.6±9.9, 169.5±11.8μ mol/L로 세 군 간의 차이는 관찰되지 않았다. 한편 FSG에서 보충 전보다 보충 후 유의하게 증가하였다($p < 0.001$).

Aspartic acid에서는 보충 전 PSG이 3.5±0.4μ mol/L, 보충 12주째 PSG이 6.5±0.3μ mol/L, HSG의 경우에는 각각 3.2±0.2, 5.8±0.2μ mol/L, FSG의 경우에는 각각 2.9±0.4, 6.3±0.4μ mol/L로 세 군 간의 차이는 관찰되지 않았다. 그러나 모든 군에서 보충 전보다 보충 후 유의하게 증가하였다($p < 0.001$, $p < 0.0001$, $p < 0.001$).

Cysteine은 보충 전 PSG이 49.8±3.9μ mol/L, 보충 12주째 PSG이 52.5±2.4μ mol/L, HSG의 경우에는 각각 50.9±3.0, 57.6±2.5μ mol/L, FSG의 경우에는 각각 55.8±4.0, 56.6±2.0μ mol/L로 세 군 간의 차이는 관찰되지 않았다. 그러나 HSG에서 보충 전보다 보충 후 유의하게 증가하였다($P < 0.05$).

Glutamine은 보충 전 PSG이 1205.4±63.0μ mol/L, HSG과 FSG이 각각 1199.7±44.0, 826.6±16.3μ mol/L로 PSG에서 유의하게($p < 0.05$) 높았으며, 보충 12주째에는 PSG이 1372.0±45.2μ mol/L, HSG, FSG이 각각 1341.7±43.6, 1421.6±29.0μ mol/L로 세 군 간의 차이는 관찰되지 않았다. 그러나 모든 군에서 보충 전보다 보충 후 유의하게 증가하였다($p < 0.05$, $p < 0.05$, $p < 0.0001$).

Glycine은 보충 전 PSG이 283.7±11.6μ mol/L, HSG과 FSG이 각각 218.6±13.8, 240.1±12.3μ mol/L로 PSG에서 유의하게($p < 0.05$) 높았으며, 보충 12주째에는 PSG이 230.0±15.7μ mol/L, HSG, FSG이

각각 266.6± 18.6, 309.7±16.3μ mol/L로 PSG에서 유의하게 낮았다 (p<0.05). 한편 PSG은 보충 후 유의하게(p<0.01) 감소하였으나, HSG과 FSG에서는 유의하게 증가하였다(p<0.05, p<0.01).

Serine은 보충 전 PSG이 137.5±6.5μ mol/L, HSG과 FSG이 각각 122.4±5.3, 131.7±6.0μ mol/L로 세 군 간의 차이는 관찰되지 않았으나, 보충 12주째에는 PSG과 HSG이 각각 134.6±6.9, 130.3±7.3μ mol/L로 FSG의 170.5±10.3μ mol/L보다 유의하게 낮았다(p<0.05). 한편 FSG은 보충 전보다 보충 후 유의하게 증가하였다(p<0.01).

Tyrosine은 보충 전 PSG이 59.0±3.8μ mol/L, 보충 12주째 PSG이 67.1±2.7μ mol/L, HSG.의 경우 각각 53.9±1.7, 69.0±3.1μ mol/L, FSG 의 경우 각각 57.7±3.2, 75.3±3.4μ mol/L로 세 군 간의 차이는 관찰 되지 않았다. 그러나 HSG과 FSG에서 보충 전보다 보충 후 유의 하게 증가하였다(p<0.0001, p<0.01)(Figure 3-2-2).

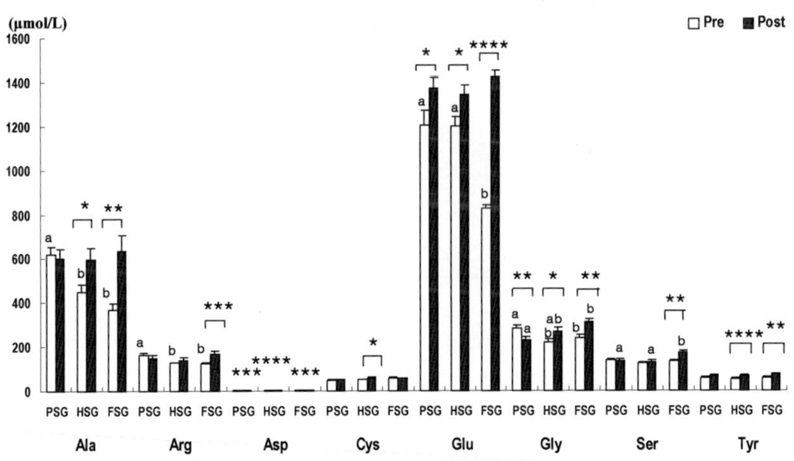

Figure 3-2-2. Serum levels of nonessential amino acids.

③ Urine levels of BCAA

BCAA의 뇨 분석 결과는 〈Table 3-6〉에서 보는 바와 같다.

Isoleucine의 경우, 보충 전과 보충 후 세 군 간의 차이가 없었으며, 보충 전·후의 유의한 변화도 관찰되지 않았다. 그러나 leucine의 경우, 보충 전 PSG이 15.6±4.1nmol/mg, HSG과 FSG이 각각 31.6±4.4, 19.1±4.5nmol/mg으로 HSG에서 유의하게(p<0.05) 높았으나, 보충 12주째에는 세 군 간의 차이가 관찰되지 않았으며, PSG과 FSG에서 보충 전보다 보충 후에 유의하게 증가하였다(p<0.001, p<0.01). Valine은 보충 전과 보충 후 세 군 간의 차이가 없었으며, 보충 전·후의 유의한 변화도 관찰되지 않았다.

Table 3-6. Urine levels of BCAA

(nmol/mg)

Variabl	Time	Group		
		PSG[1]	HSG[2]	FSG[3]
Isoleucine	pre	9.7±1.6	9.8±0.6	8.5±0.6
	post	11.6±1.2	11.8±1.7	9.1±0.4
Leucine	pre	15.6±4.1[b]	31.6±4.4[a]	19.1±4.5[b]
	post	45.5±5.5***	36.2±4.9	38.4±4.6**
Valine	pre	28.2±3.9	27.8±1.8	25.6±1.6
	post	25.9±3.0	30.0±3.8	28.2±2.5

All values are Mean±SEM.
Letters with different superscripts in the same raw are significantly different (p<0.05) among the groups by Duncan's multiple range test.
** P<0.01, *** P<0.001 statistically difference between 0wk and 12wk consumption
1) PSG: Placebo Supplement Group
2) HSG: BCAA 2.5g/day Supplement Group
3) FSG: BCAA 5.0g/day Supplement Group

④ **Urine level of essential and nonessential amino acids**

필수아미노산의 항목별 뇨 분석 결과에서는 histidine의 경우, 보충 전 PSG이 648.1±130.5nmol/mg, 보충 12주째에는 811.8±208.8nmol/mg, HSG은 각각 648.1±130.5, 666.7±70.5nmol/mg, FSG의 경우에는 각각 692.8±49.7, 697.5±70.0 nmol/mg으로 세 군 간의 차이는 관찰되지 않았으며, 보충 전·후의 유의한 변화도 관찰되지 않았다(Figure 3-3-1).

Lysine은 보충 전 PSG이 247.4±28.7nmol/mg, HSG과 FSG이 각각 225.7±13.0, 230.0±25.0nmol/mg으로 세 군 간의 차이는 관찰되지 않았으나, 보충 12주째에는 PSG이 372.2±78.2nmol/mg, HSG과 FSG이 각각 257.0±29.9, 232.6±25.2nmol/mg으로 FSG에서 유의하게 낮았다($p < 0.05$).

Methionine은 보충 전 PSG이 25.3±5.0nmol/mg, HSG과 FSG이 각각 23.8±1.7, 21.5±2.4nmol/mg으로 세 군 간의 차이는 관찰되지 않았으나, 보충 12주째에는 PSG이 24.0±4.4nmol/mg, HSG과 FSG이 각각 33.9±2.6, 36.7±3.1nmol/mg으로 FSG에서 유의하게 높았다($p < 0.05$). 한편 HSG과 FSG에서 보충 전보다 보충 후 유의하게 증가하였다($p < 0.01$, $p < 0.001$).

Phenylalanine은 보충 전 PSG이 42.9±5.0nmol/mg, 보충 12주째 PSG이 51.0±6.3nmol/mg, HSG의 경우 각각 44.5±2.2, 44.6±4.1nmol/mg, FSG의 경우에는 각각 44.9±2.9, 50.3±4.4nmol/mg으로 세 군 간의 차이는 관찰되지 않았으며, 보충 전·후의 유의한 변화도 관찰되지 않았다.

Threonine은 보충 전 PSG이 36.7±31.9nmol/mg, HSG과 FSG이

각각 140.0±13.9, 112.7±10.0nmol/mg으로 세 군 간의 차이가 관찰되지 않았으나, 보충 12주째에는 PSG이 205.5±52.0nmol/mg, HSG과 FSG이 각각 150.0±19.2, 120.4±13.3nmol/mg으로 FSG에서 유의하게 낮았다(p<0.05).

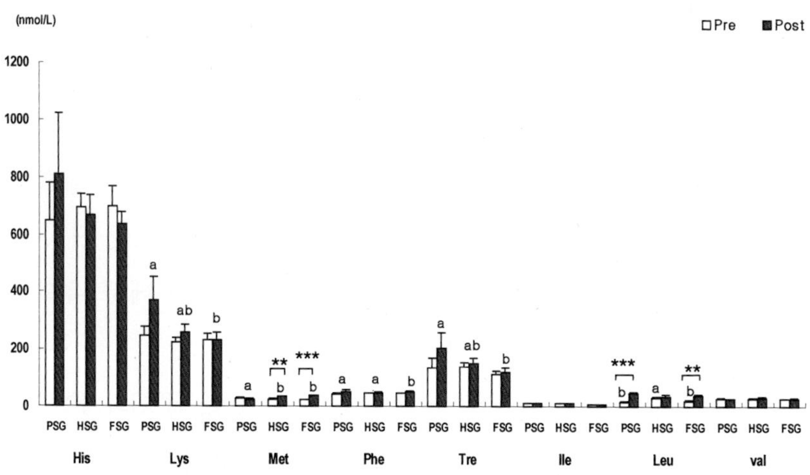

Figure 3-3-1. Urine levels of essential amino acids.

불필수 아미노산의 항목별 뇨 분석 결과에서는 alanine의 경우, 보충 전 PSG이 375.3±104.0nmol/mg, HSG과 FSG이 각각 260.3±22.9, 216.9±24.9nmol/mg으로 PSG에서 유의하게(p<0.05) 높았으며, 보충 12주째에는 PSG이 360.3±54.1nmol/mg, HSG과 FSG이 각각 328.3±42.0, 274.0±23.4nmol/mg으로 세 군 간의 차이는 관찰되지 않았다. 그러나 FSG에서 보충 전보다 보충 후 유의하게 증가하였다(p<0.05).

Arginine은 보충 전 PSG이 18.2±2.8nmol/mg, 보충 12주째 PSG이

25.7±4.1nmol/mg, HSG의 경우에는 각각 17.1±1.0, 20.2±1.9nmol/mg, FSG의 경우에는 각각 20.6±2.5, 19.7±2.4nmol/mg으로 세 군 간의 차이는 관찰되지 않았다. 그러나 PSG에서 보충 전보다 보충 후 유의하게 증가하였다($p < 0.05$).

Asparagine의 경우, 보충 전 PSG이 274.2±66.2nmol/mg, HSG과 FSG이 각각 172.7±11.8, 161.2±22.8nmol/mg으로 PSG에서 유의하게($p < 0.05$) 높았으며, 보충 12주째에는 PSG이 281.5±57.3nmol/mg, HSG과 FSG이 각각 191.5±25.2, 194.0±26.1nmol/mg으로 세 군 간의 차이는 관찰되지 않았다.

Cysteine은 보충 전 PSG이 62.4±7.3nmol/mg, 보충 12주째 PSG이 66.4±11.3nmol/mg, HSG의 경우에는 각각 59.9±4.9, 51.3±4.6nmol/mg, FSG의 경우에는 각각 52.1±3.4, 48.6±3.9nmol/mg으로 세 군 간의 차이는 관찰되지 않았다. 그러나 HSG에서 보충 전보다 보충 후 유의하게 증가하였다($p < 0.01$).

Glutamine은 보충 전 PSG이 434.2±94.9nmol/mg, 보충 12주째 PSG이 557.3±102.3nmol/mg, HSG은 각각 415.4±32.0, 461.8±50.3nmol/mg, FSG은 각각 393.0±33.1, 413.3±32.5nmol/mg으로 세 군 간의 차이가 관찰되지 않았으며 보충 전·후의 유의한 변화도 관찰되지 않았다.

Glycine은 보충 전 PSG이 704.7±176.7nmol/mg, 보충 12주째 PSG이 937.4±174.9nmol/mg, HSG은 각각 787.5±85.4, 976.5±100.3nmol/mg, FSG은 각각 622.4±62.3, 649.0±80.9nmol/mg으로 세 군 간의 차이가 관찰되지 않았으며, 보충 전·후의 유의한 변화도 관찰되지 않았다.

Serine은 보충 전 PSG이 220.6±44.5nmol/mg, 보충 12주째 PSG이 359.1±47.1nmol/mg, HSG은 각각 300.9±22.6, 345.5±33.1nmol/mg,

FSG은 각각 269.0±22.4, 351.3±43.8 nmol/mg으로 세 군 간의 차이가 관찰되지 않았으며, 보충 전·후의 유의한 변화도 관찰되지 않았다.

Tyrosine은 보충 전 PSG이 56.8±11.5nmol/mg, 보충 12주째 PSG이 65.6±8.3nmol/mg, HSG은 각각 69.7±6.6, 74.3±9.5nmol/mg, FSG은 각각 60.0±6.7, 60.2±6.3nmol/mg으로 세 군 간의 차이는 관찰되지 않았으며, 보충 전·후의 유의한 변화도 관찰되지 않았다(Figure 3-3-2).

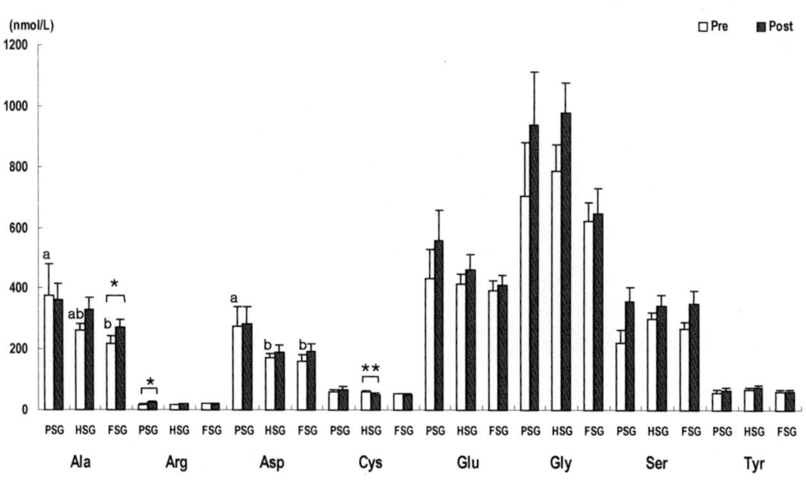

Figure 3-3-2. Urine levels of nonessential amino acids.

⑤ 혈액과 뇨 중의 요소, 질소(BUN, UUN)농도 및 creatinine 농도

BUN은 보충 전 PSG과 HSG, FSG이 각각 11.9±4.2, 13.5±2.9, 14.4± 2.6mg/㎗로 FSG에서 유의하게 높았으며(p<0.05), 보충 12주째에도 FSG에서 유의하게 높았다. 또한 FSG에서 보충 전보다 보충 후 유의하게 증가하였다(p<0.05).

UUN은 보충 전 PSG과 HSG, FSG이 각각 6.3±2.5, 7.0±1.7, 7.4±1.6g/day로 세 군 간의 차이는 관찰되지 않았으나, 보충 12주째에는 PSG과 HSG, FSG이 각각 3.7±0.9, 4.2±1.6, 5.1±1.6g/day로 FSG에서 유의하게 높았다.($p < 0.05$). 한편 모든 군에서 보충 전보다 보충 후 유의하게 감소하였다($p < 0.01$, $p < 0.005$, $p < 0.01$,).

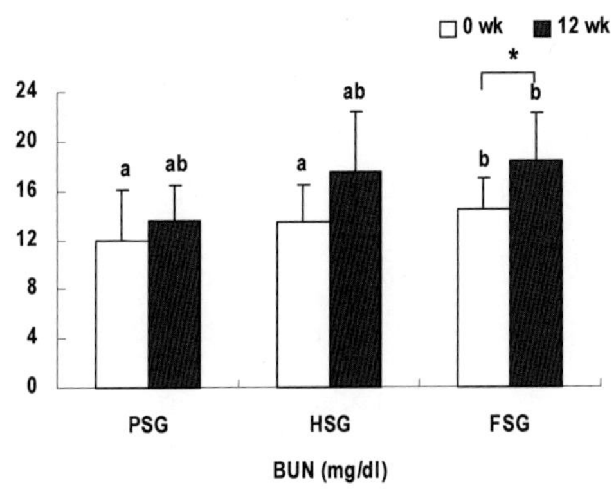

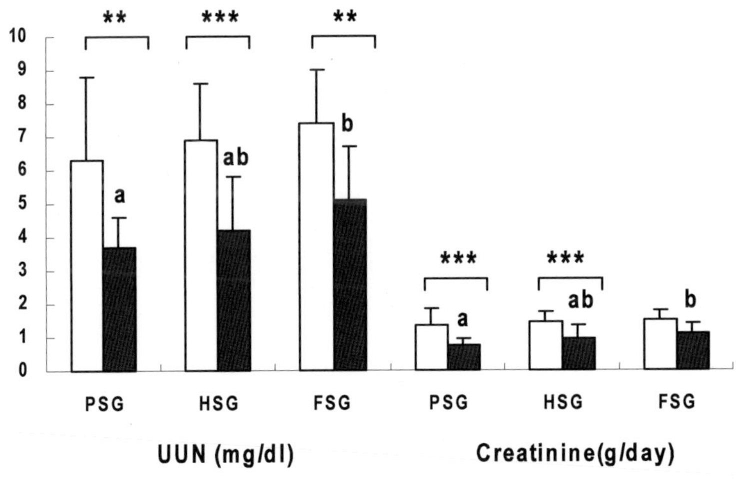

Figure 3-4. Serum level of BUN, and urine level of UUN and creatinine.

Creatinine은 보충 전 PSG과 HSG, FSG이 각각 1.36±0.5, 1.44±0.3, 1.52±0.3g/day으로 세 군 간의 차이는 관찰되지 않았으나, 보충 12주째에는 PSG과 HSG, FSG이 각각 0.76±0.2, 0.93±0.4, 1.08±0.3g/day으로 FSG에서 유의하게($p < 0.05$) 높았으며, PSG과 HSG에서 보충 전보다 보충 후 유의하게 감소하였다($p < 0.001$) (Figure 3-4).

⑥ 혈중 glucose 및 지질 농도

Glucose는 보충 전 PSG이 HSG과 FSG보다 유의하게($p < 0.05$) 높았으나, 보충 12주째에는 유의한 차이가 관찰되지 않았다. 혈청 중성지방의 경우, 보충 전과 보충 후 세 군 간의 차이는 없었으나 모든 군에서 보충 전보다 보충 후에 유의하게 증가하였다($p < 0.05$, $p < 0.01$, $p < 0.01$). 또한 총 콜레스테롤의 경우, 보충 전과 보충 후에서 세 군 간의 차이는 없었으며, 보충 전·후도 유의한 변화가 관찰되지 않았다.

LDL-cholesterol과 HDL-cholesterol도 보충 전과 보충 후에서 세 군 간의 차이는 없었으며, 보충 전·후의 유의한 변화도 관찰되지 않았다. 그러나 유리지방산은 보충 전 PSG, HSG과 FSG간의 유의적인 ($p < 0.05$) 차이가 있었으며, 보충 12주째에는 세 군 간의 차이는 없었으나 모든 군에서 보충 전보다 보충 후 유의하게 감소하였다 ($p < 0.001$, $p < 0.01$, $p < 0.001$)(Figure 3-5).

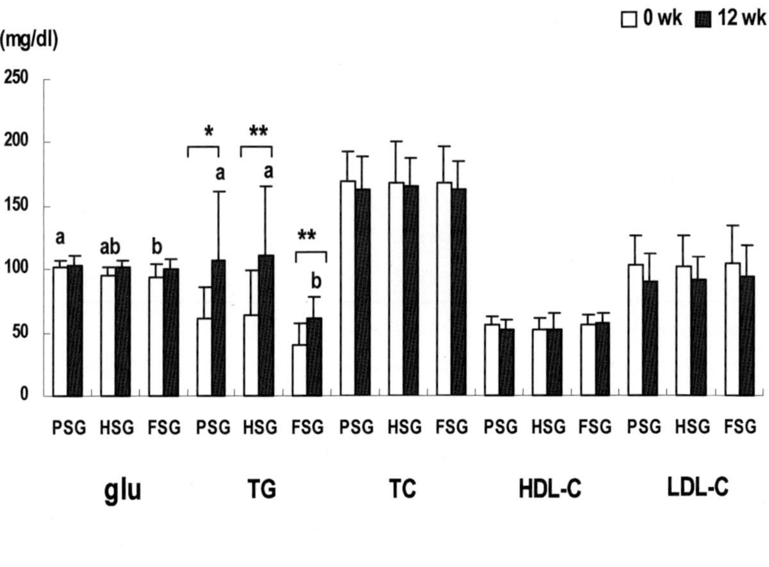

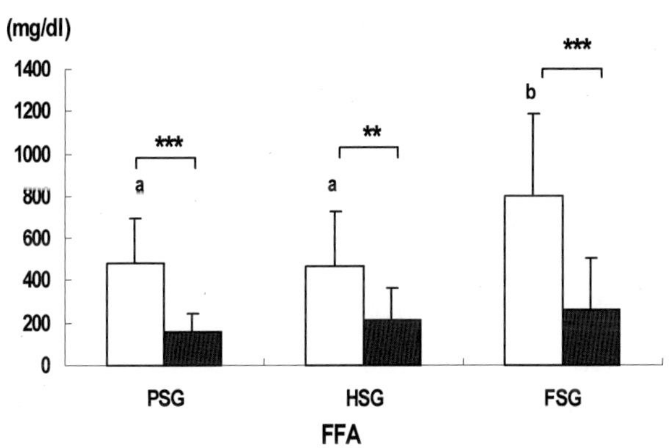

Figure 3-5. Blood levels of glucose, TC, TG,
HDL-C, LDL-C and FFA.

⑦ 혈중 SOD와 MDA 농도

Superoxide dismutase(SOD)와 malondialdehyde(MDA)의 결과는
〈Table 3-7〉에서 보는 바와 같다.

Table 3-7. Blood levels of SOD and MDA

Variable	Time	Group		
		PSG[1]	HSG[2]	FSG[3]
SOD	pre	900.7±120.6	954.1±107.8	946.8±92.1
(unit/㎖)	post	935.0±72.9	941.6± 50.8	993.7± 79.6
MDA	pre	$5.50±0.89^{ab}$	$5.38±0.62^{b}$	$6.02±0.72^{a}$
(μ mol/L)	post	4.58±0.59*	4.51±0.65**	4.26±0.25***

All values are Mean±SD
Letters with different superscripts in the same raw are significantly different
($P<0.05$)among the groups by Duncan's multiple range test.
* $P<0.01$ ** $P<0.001$ *** $P<0.0001$
1) PSG: Placebo Supplement Group
2) HSG: BCAA 2.5g/day Supplement Group
3) FSG: BCAA 5.0g/day Supplement Group

SOD는 보충 전 PSG과 HSG, FSG이 각각 900.7±120.6, 954.1±107.8, 946.8±107.8U/㎖, 보충 12주째의 PSG과 HSG, FSG이 각각 935.0±72.9, 941.6±50.8, 993.7±79.6U/㎖로 세 군 간의 차이가 없었으며, 보충 전·후의 유의한 변화도 관찰되지 않았다.

MDA는 보충 전 PSG이 5.50±0.89μ mol/L, HSG과 FSG이 각각 5.38±0.62, 6.02±0.72μ mol/L로 FSG에서 유의하게($p<0.05$) 높았으나, 보충 12주째에는 PSG이 4.58±0.59μ mol/L, HSG과 FSG이 각각 4.51±0.65, 4.26±0.25μ mol/L로 세 군 간의 차이가 관찰되지 않았다. 한편 모든 군에서 보충 전보다 보충 후 유의하게 감소하였다 ($p<0.01$, $p<0.001$, $p<0.0001$).

4) 체력측정 결과

① 최대 무기적 파워(Maximum anaerobic power; MnAP)

최대 무기적 파워에 대한 결과는 〈Table 3-8〉에서 보는 바와 같다.

보충 전 PSG이 1,318.1±159.9watt, HSG과 FSG이 각각 1,402.1± 177.9, 1,346.9±150.0watt로 세 군 간의 차이는 관찰되지 않았으나, 보충 12주째에서는 PSG이 1,300.3±130.3, HSG과 FSG이 각각 1,401.1± 239.2, 1,445.4±161.3watt로 FSG에서 유의하게(P<0.05) 높았다. 또한 FSG에서 보충 전보다 보충 후 유의하게 증가하였다(p<0.01).

파워를 체중으로 나눈 결과는 보충 전 PSG이 17.9±2.1watt/kg, HSG과 FSG이 각각 18.8±2.3, 18.7±1.6watt/kg으로 세 군 간의 차이는 관찰되지 않았으며, 보충 12주째에는 PSG이 17.5±2.7watt/kg, HSG과 FSG이 각각 18.7±1.8, 20.4±2.3watt/kg으로 FSG에서 유의하게 (p<0.05) 높았다. 한편 FSG에서 보충 전보다 보충 후 유의하게 증가하였다(p<0.01).

Table 3-8. Comparison of maximum anaerobic power in groups

Variable	Time	Group		
		PSG[1]	HSG[2]	FSG[3]
Power	pre	1318.1±159.9	1402.1±177.9	1346.9±150.0
(watt)	post	1300.3±130.3[b]	1401.1±239.2[ab]	1445.4±161.3[a**]
Power	pre	17.9±2.1	18.7±1.6	18.8±2.3
(watt/kg)	post	17.5±2.7[b]	18.7±1.8[ab]	20.4±2.3[a**]

All values are Mean±SD
Letters with different superscripts in the same raw are significantly different (p<0.05) among the groups by Duncan's multiple range test.
** P<0.01 statistically difference between 0wk and 12wk maximum anaerobic power
1) PSG: Placebo Supplement Group
2) HSG: BCAA 2.5g/day Supplement Group
3) FSG: BCAA 5.0g/day Supplement Group

② **다리신전 파워(Leg extension power; LEP)**

다리 각 신전 파워에 대한 결과는 〈Table 3-9〉에서 보는 바와 같다.

보충 전 PSG이 1,879.0±269.1watt, 보충 12주째 PSG이 1,805.7±243.7watt, HSG의 경우 각각 1,807.9±154.5, 1,990.6±392.9 watt, FSG의 경우 각각 2,019.1±405.6, 1,863.1±223.5watt로 세 군 간의 차이가 관찰되지 않았다.

또한 파워를 체중으로 나눈 결과에서도 보충 전 PSG이 25.5±2.6 watt/kg, 보충 12주째 PSG이 23.6±1.3watt/kg, HSG의 경우 각각 25.2±2.6, 26.6±3.4watt/kg, FSG의 경우 각각 26.9±3.4, 26.2± 3.4watt/ kg으로 세 군 간의 유의한 변화가 관찰되지 않았다.

Table 3-9. Comparison of leg extension power in groups

Variable	Time	Group		
		PSG[1]	HSG[2]	FSG[3]
LEP[a]	pre	1879.0±269.1	2019.1±405.6	1807.9±154.5
(watt)	post	1805.7±243.7	1990.6±392.9	1863.1±223.5
LEP	pre	25.5±2.6	26.9±3.4	25.2±2.6
(kg/watt)	post	23.6±1.3	26.6±3.4	26.2±3.4

All values are Mean±SD
1) PSG: Placebo Supplement Group
2) HSG: BCAA 2.5g/day Supplement Group
3) FSG: BCAA 5.0g/day Supplement Group
a) LEP: Leg Extension Power

③ Isokinetic contraction

- Knee flexor and extensor strength of peak torque, total work, and average power at 60°/sec

60°/sec에서의 우측 다리 굴근 및 신근파워의 결과는 〈Table 3-10〉에서 보는 바와 같다.

Flexion peak torque는 보충 전과 보충 후 세 군 간의 차이가 없었으며, 보충 전·후의 유의한 변화도 관찰되지 않았다. 그러나 extension peak torque의 경우, 보충 전에서는 세 군 간의 차이가 관찰되지 않았으나, 보충 12주째에는 FSG이 PSG과 HSG보다 유의하게 높았다($p < 0.05$). 또한 PSG와 HSG에서 보충 전보다 보충 후 유의하게 감소하였다($p < 0.05$).

Table 3-10. Comparison of changes in right leg knee flexor and extensor strength of peak torque, total work, and average power at 60°/sec

Group		Flexion			Extension		
Vari / Time		PSG	HSG	FSG	PSG[1]	HSG[2]	FSG[3]
PT^{a}	pre	131.9±32.6	125.8±35.0	127.6±33.1	216.9±29.6	223.2±25.9	229.7±24.7
(Nm)	post	139.0±32.1	134.2±31.5	132.2±23.4	$187.5\pm20.5^{b*}$	$196.7\pm27.2^{ab*}$	215.2 ± 21.2^{a}
TW^{b}	pre	129.7±41.1	134.9±38.3	140.6±48.3	206.7±42.5	226.2±32.6	235.4±42.2
(J)	post	159.2±42.2	149.4±29.9	152.9±32.9	203.6 ± 25.8^{b}	211.1 ± 30.8^{ab}	232.5 ± 27.1^{a}
AP^{c}	pre	97.6±22.0	97.8±28.5	96.6±27.0	147.0±26.0	154.6±14.3	154.7±22.5
(w)	post	99.7±24.8	95.9±19.2	96.7±18.9	$127.1\pm16.1^{b*}$	$137.0\pm20.5^{ab*}$	148.0 ± 13.2^{a}
Peak Torque (%)				pre	60.2±11.6	56.5±16.8	54.7±13.3
(Flexion / Extension ratio)				post	73.5±14.6*	62.1±20.1	61.0±9.4

All values are Mean±SD
Letters with different superscripts in the same raw are significantly different (p⟨0.05) among the groups by Duncan's multiple range test.
* P⟨0.05
1) PSG: Placebo Supplement Group
2) HSG: BCAA 2.5g/day Supplement Group
3) FSG: BCAA 5.0g/day Supplement Group
a) PT: Peak Torque (Newton meter)
b) TW: Total Work (Joul)
c) AP: Average Power (Watt)

Flexion total work에서는 보충 전과 보충 후 세 군 간의 차이가 없었으며, 보충 전·후의 유의한 변화도 관찰되지 않았다. 그러나 extension total work의 경우, 보충 전에서는 세 군 간의 차이가 없었으나, 보충 12주째에는 FSG이 PSG보다 유의하게 높았다 (P⟨0.05).

Flexion average power는 보충 전과 보충 후 세 군 간의 차이가 없었으며, 보충 전·후의 유의한 변화도 관찰되지 않았다. 그러나

exten- sion average power의 경우, 보충 전에는 세 군 간의 차이가 없었으나, 보충 12주째에서는 FSG이 PSG보다 유의하게 높았다(p<0.05). 한편 PSG과 HSG에서 보충 전보다 보충 후 유의하게 감소하였다(p<0.05).

Peak torque의 flexion extension ratio는 세 군 간의 차이는 없었으나, PSG에서 보충 전보다 보충 후 유의하게 증가하였다(p<0.05).

60°/sec에서의 좌측 다리 굴근 및 신근파워의 결과는 〈Table 3-11〉에서 보는 바와 같다.

Table 3-11. Comparison of changes in left leg knee flexor and extensor strength of peak torque, total work, and average power at 60°/sec

roup Vari / Time		Flexion			Extension		
		PSG	HSG	FSG	PSG[1]	HSG[2]	FSG[3]
PT[a] (Nm)	pre	130.9±22.5	127.9±51.6	126.8±14.1	210.2±10.2	222.7±55.5	216.6±20.9
	post	121.4±16.7	138.9±36.9	126.2±17.9	189.5±23.0	217.6±47.0	203.0±21.8
TW[b] (J)	pre	132.4±36.0	132.8±44.9	134.6+21.0	216.5±35.6	224.3±39.7	236.5±35.2
	post	127.9±23.0	134.7±48.4	126.9±21.0	193.9±25.7	223.8±53.2	218.6±24.5
AP[c] (w)	pre	96.1±18.3	93.1±37.9	91.1±13.3	146.4±15.1	155.6±37.2	156.2±18.2
	post	87.7±13.3	97.1±30.1	87.0±13.2	132.4±17.1[b]	156.7±37.4[a]	149.2±13.4[ab]
Peak Torque (%) (Flexion / Extension ratio)	pre				61.6±9.5	58.0±24.0	58.2±6.1
	post				63.7±8.0	63.1±9.4	61.7±5.7

All values are Mean±SD
Letters with different superscripts in the same raw are significantly different (p<0.05) among the groups by Duncan's multiple range test.
1) PSG: Placebo Supplement Group
2) HSG: BCAA 2.5g/day Supplement Group
3) FSG: BCAA 5.0g/day Supplement Group
a) PT: Peak Torque (Newton meter)
b) TW: Total Work (Joul)
c) AP: Average Power (Watt)

Flexion peak torque는 보충 전과 보충 후 세 군 간의 차이가 없었으며, 보충 전·후의 유의한 변화도 관찰되지 않았다. 또한 extension peak torque에서도 보충 전과 보충 후 세 군 간의 차이가 없었으며, 보충 전·후의 유의한 변화가 관찰되지 않았다.

Flexion total work는 보충 전과 보충 후 세 군 간의 차이가 없었으며, 보충 전·후의 유의한 변화가 관찰되지 않았다. 또한 extension total work도 보충 전과 보충 후 세 군 간의 차이가 없었으며, 보충 전·후의 유의한 변화도 관찰되지 않았다.

Flexion average power는 보충 전과 보충 후 세 군 간의 차이가 없었으며, 보충 전·후의 유의한 변화가 관찰되지 않았다. 그러나 extension average power의 경우, 보충 전에는 세 군 간의 차이가 없었으나, 보충 12주째에는 HSG에서 유의하게 높았다($p < 0.05$).

Peak torque의 flexion extension ratio는 보충 전과 보충 후 세 군 간의 차이가 없었으며, 보충 전과 후의 유의한 변화가 관찰되지 않았다.

- **Knee flexor and extensor strength of peak torque, total work, and average power at 180°/sec**

180°/sec에서의 우측 다리 굴근 및 신근파워의 결과는 〈Table 3-12〉에서 보는 바와 같다.

Flexion peak torque는 보충 전과 보충 후 세 군 간의 차이가 없었으며, 보충 전·후의 유의한 변화가 관찰되지 않았다. 그러나 extension peak torque의 경우 보충 전에는 세 군 간의 차이가 없었으나 보충 12주째에는 PSG보다 FSG에서 유의하게 높았다($p < 0.05$).

Table 3-12. Comparison of changes in right leg knee flexor and extensor strength of peak torque, total work, and average power at $180°/sec$

Group		Flexion			Extension		
Vari / Time		PSG	HSG	FSG	PSG[1]	HSG[2]	FSG[3]
PT[a]	pre	104.1±25.1	105.0±26.4	100.6±34.1	144.7±26.6	161.1±26.3	161.1±14.9
(Nm)	post	117.4±12.6	117.4±30.6	115.1±19.1	143.5±17.2[b]	157.5±18.8[ab]	158.7±11.4[a]
TW[b]	pre	96.9±23.1	101.9±30.4	101.9±34.4	144.2±25.6	160.8±32.2	166.9±28.2
(J)	post	118.5±18.6*	118.1±29.1	119.5±25.4	150.4±20.4	162.6±28.7	169.1±18.3
AP[c]	pre	206.2±49.1	205.1±70.7	186.0±68.1	287.9±47.2	310.9±47.6	313.4±43.1
(w)	post	219.5±34.4	218.8±54.2	220.0±45.5	279.4±37.4	309.5±48.1	311.5±31.9
Peak Torque (%)	pre				72.4±8.1	65.5±19.4	58.8±20.2
(Flexion / Extension ratio)	post				82.2±11.7*	74.2±17.6	71.9±9.6

All values are Mean±SD
Letters with different superscripts in the same raw are significantly different ($p<0.05$) among the groups by Duncan's multiple range test.
* $P<0.05$
1) PSG: Placebo Supplement Group
2) HSG: BCAA 2.5g/day Supplement Group
3) FSG: BCAA 5.0g/day Supplement Group
a) PT: Peak Torque (Newton meter)
b) TW: Total Work (Joul)
c) AP: Average Power (Watt)

Flexion total work는 보충 전과 보충 후 세 군 간의 차이가 없었으나, PSG에서 보충 전보다 보충 후 유의하게 증가하였다 ($p<0.05$). 또한 extension total work에는 보충 전과 보충 후 세 군 간의 차이가 없었으며, 각각 군 내의 보충 전·후의 유의한 변화도 관찰되지 않았다.

Flexion average power와 extension average power도 보충 전과 보충 후 세 군 간의 차이가 없었으며 보충 전·후의 유의한 변화도 관찰되지 않았다. 또한 peak torque의 flexion extension ratio의 경우, 보충 전과 보충 후 세 군 간의 차이는 없었으나, PSG에서 보충 전보다 보충 후 유의하게 증가하였다(p<0.05).

180°/sec에서의 좌측 다리 굴근 및 신근파워의 결과는 〈Table 3-13〉에서 보는 바와 같다.

Table 3-13. Comparison of changes in left leg knee flexor and extensor strength of peak torque, total work, and average power at 180°/sec

Group		Flexion			Extension		
Vvari / time		PSG	HSG	FSG	PSG[1]	HSG[2]	FSG[3]
PT[a] (Nm)	pre	107.6±28.7	104.8±45.4	97.2±15.3	154.0±21.9	168.3±33.8	155.4±18.9
	post	108.4±14.8	120.9±38.7	109.9±17.4	140.4±13.0[b]	165.1±28.9[a]	155.9±13.4[ab]
TW[b] (J)	pre	91.0±33.2	83.3±37.3	89.6±19.8	158.4±29.9	164.2±24.3	161.5±24.6
	post	103.1±21.0	110.4±36.7	98.7±19.6	141.7±13.5[b]	167.4±34.2[a]	160.9±15.8[ab]
AP[c] (w)	pre	200.2±59.2	184.2±87.3	170.9±30.4	306.4±48.1	331.2±53.6	312.3±42.6
	post	207.6±42.1	223.1±72.1	196.0±37.6	284.4±27.8[b]	336.8±63.7[a]	320.3±30.4[ab]
Peak Torque (%) (Flexion / Extension ratio)	pre				62.6±16.2	58.5±21.2	63.3±10.7
	post				77.4±14.0	71.7±15.3	70.0±8.2

All values are Mean±SD
Letters with different superscripts in the same raw are significantly different (p<0.05) among the groups by Duncan's multiple range test.
1) PSG: Placebo Supplement Group
2) HSG: BCAA 2.5g/day Supplement Group
3) FSG: BCAA 5.0g/day Supplement Group
a) PT: Peak Torque (Newton meter)
b) TW: Total Work (Joul)
c) AP: Average Power (Watt)

Flexion peak torque는 보충 전과 보충 후 세 군 간의 차이가 없었으며, 보충 전·후의 유의한 변화도 관찰되지 않았다. 그러나 extension peak torque의 경우, 보충 전에는 세 군 간의 차이가 없었으나, 보충 12주째에는 PSG보다 HSG이 유의하게 높았다(p<0.05).

Flexion total work는 보충 전과 보충 후 세 군 간의 차이가 없었으며, 보충 전·후의 유의한 변화도 관찰되지 않았다. 그러나 extension total work의 경우, 보충 전에는 세 군 간의 차이가 없었으나, 보충 12주째에는 PSG보다 HSG이 유의하게 높았다(p<0.05).

Flexion average power는 보충 전과 보충 후 세 군 간의 차이가 없었으며, 보충 전·후의 유의한 변화도 관찰되지 않았다. 그러나 extension total work의 경우, 보충 전에는 세 군 간의 차이가 없었으나, 보충 12주째에는 PSG보다 HSG이 유의하게 높았다(p<0.05).

Peak torque의 flexion extension ratio는 보충 전과 보충 후 세 군 간의 차이가 없었으며, 각 군 내 보충 전·후의 유의한 변화도 관찰되지 않았다.

- **Knee flexor and extensor endurance of peak torque, average power, total work set, and endurance ratio at 270°/sec**

270°/sec에서의 우측 다리 굴근 및 신근지구력의 결과는 〈Table 3-14〉에서 보는 바와 같다.

Flextion peak torque는 보충 전과 보충 후 세 군 간의 차이가 없었으며, 보충 전·후의 유의한 변화도 관찰되지 않았다. 그러나 extension peak torque의 경우, 보충 전 PSG보다 FSG에서 유의하게(p<0.05) 높았으나 보충 12주째에는 세 군 간의 차이가 없었으며, 보충 전·후의 유의한 변화도 관찰되지 않았다.

Flexion average power와 extension average power에서는 보충 전과 보충 후 세 군 간의 유의적인 차이가 없었으며, 보충 전·후의 유의적인 변화도 관찰되지 않았다. 또한 flexion total work set 와 extension total work set도 보충 전과 보충 후 세 군 간의 차이가 없었으며, 보충 전·후의 유의한 변화가 관찰되지 않았다.

Table 3–14. Comparison of changes in right leg knee flexor and extensor endurance of peak torque, average power, total work set, and endurance ratio at 270°/sec

Group		Flexion			Extension		
Vvari /Time		PSG	HSG	FSG	PSG[1]	HSG[2]	FSG[3]
PT[a] (Nm)	pre	87.1±12.2	88.4±21.2	83.2±21.2	114.1±16.3[b]	126.2±15.0[ab]	129.5±11.8[a]
	post	86.4±10.4	88.5±25.7	89.1±16.6	112.1±14.3	124.3±22.7	126.5±10.8
AP[b] (w)	pre	268.6±36.8	254.5±81.0	244.4±76.0	354.7±38.5	391.8±63.2	390.2±52.6
	post	261.0±28.4	267.4±83.7	261.4±54.0	337.1±42.2	391.0±86.7	383.1±38.7
TWS[c] (J)	pre	1311.9±206.9	1394.4±428.2	1375.0±465.9	1932.2±311.1	2134.4±387.0	2148.1±237.2
	post	1420.5±201.3	1481.2±403.9	1465.5±332.4	1905.7±272.7	2193.2±515.9	2168.0±212.7
ER[d] (%)	pre	59.7±19.3	68.4±17.9	72.8±21.6	67.7±17.5	66.2±9.7	66.2±8.1
	post	63.7±13.2	58.6±16.2	56.3±16.5	73.1±14.3[a]	62.5±12.6[b]	61.1±4.8[b]
Peak Torque (%)	pre				76.5±10.9	70.5±18.2	63.9±16.8
(Flexion / Extension ratio)	post				77.0±9.3	70.4±13.7	69.9±11.8

All values are Mean±SD
Letters with different superscripts in the same raw are significantly different ($p < 0.05$) among the groups by Duncan's multiple range test.
1) PSG: Placebo Supplement Group
2) HSG: BCAA 2.5g/day Supplement Group
3) FSG: BCAA 5.0g/day Supplement Group
a) PT: Peak Torque (Newton meter)
b) AP: Average Power (Watt)
c) TWS: Total Work Set (Joul)
d) ER: Endurance Ratio (%)

Flexion endurance ratio에서는 보충 전과 보충 후 세 군 간의 유의적인 차이가 없었으며, 보충 전·후의 유의적인 변화도 관찰되지 않았다. 그러나 extension endurance ratio의 경우, 보충 전에는 세 군 간의 차이가 없었으나, 보충 12주째에는 HSG과 FSG보다 PSG에서 유의하게 높았다(p<0.05). 또한 Peak torque의 flexion extension ratio는 보충 전과 보충 후 모두 세 군 간의 차이가 없었으며, 보충 전·후의 유의한 변화도 관찰되지 않았다.

270°/sec에서의 좌측 다리 굴근 및 신근지구력의 결과는 〈Table 3-15〉에서 보는 바와 같다.

Table 3-15. Comparison of changes in left leg knee flexor and extensor endurance of peak torque, average power, total work set, and endurance ratio at 270°/sec

Group		Flexion			Extension		
Vari / Time		PSG	HSG	FSG	PSG[1]	HSG[2]	FSG[3]
PT[a] (Nm)	pre	88.1±18.5	92.2±21.7	77.1±14.5	120.0±14.9	130.9±25.3	125.5±14.4
	post	87.0±12.8	96.4±22.8	86.6±14.9	110.0±11.5[b]	130.1±21.6[a]	126.6±14.6[a]
AP[b] (w)	pre	261.4±70.3	263.7±68.6	218.3±47.0	377.6±60.5	423.8±67.9	410.7±48.4
	post	260.1±53.1	276.7±65.0	241.7±46.2	358.2±37.3[b]	422.2±76.2[a]	408.1±52.6[a]
TWS[c] (J)	pre	1415.2±487.8	1354.3±352.7	1161.5±337.2	2038.0±479.3	1914.2±823.6	2106.7±201.0
	post	1304.2±319.7	1364.8±322.1	1260.3±282.9	1865.2±200.2[b]	2195.2±356.7[a]	2074.1±238.6[a]
ER[d] (%)	pre	68.2±28.3	74.8±30.6	70.6±27.0	63.4±6.6	62.0±8.2	67.8±19.0
	post	60.6±14.1	63.2±11.9	58.2±15.1	62.6±16.5	62.4±13.3	60.1±7.0
Peak Torque (%)	pre				72.9±12.1	70.4±15.1	61.0±9.9
(Flexion / Extension ratio)	post				79.0±13.3	73.4±10.2	68.3±11.5

All values are Mean±SD
Letters with different superscripts in the same raw are significantly different (p<0.05) among the groups by Duncan's multiple range test.
1) PSG: Placebo Supplement Group
2) HSG: BCAA 2.5g/day Supplement Group
3) FSG: BCAA 5.0g/day Supplement Group
a) PT: Peak Torque (Newton meter)
b) AP: Average Power (Watt)
c) TWS: Total Work Set (Joul)
d) ER: Endurance Ratio (%)

Flextion peak torque는 보충 전과 보충 후 세 군 간의 차이가 없었으며, 보충 전·후의 유의한 변화도 관찰되지 않았다. 그러나 extension peak torque의 경우, 보충 전에는 세 군 간의 차이가 관찰되지 않았으나, 보충 12주째에는 HSG과 FSG보다 PSG에서 유의하게 낮았다($p < 0.05$).

Flextion average power는 보충 전과 보충 후 세 군 간의 차이가 없었으며, 보충 전·후의 유의한 변화도 관찰되지 않았다. 그러나 extension average power의 경우, 보충 전에는 세 군 간의 차이가 없었으나, 보충 12주째에는 HSG과 FSG보다 PSG에서 유의하게 낮았다($p < 0.05$).

Flexion total work set는 보충 전과 보충 후 세 군 간의 차이가 없었으며, 보충 전·후의 유의한 변화도 관찰되지 않았다. 그러나 extension total work set의 경우, 보충 전에는 세 군 간의 차이가 없었으나, 보충 12주째에는 HSG과 FSG보다 PSG에서 유의하게 낮았다($p < 0.05$).

Flexion endurance ratio와 extension endurance ratio는 보충 전과 보충 후 세 군 간의 차이가 없었으며, 보충 전·후의 유의한 변화도 관찰되지 않았다. 또한 peak torque의 flexion extension ratio도 보충 전과 보충 후 세 군 간의 차이가 없었으며 보충 전·후의 유의한 변화가 관찰되지 않았다.

Ⅳ. 고 찰

1) 식이 아미노산의 섭취량

아미노산이 영양학적으로 특별한 중요성을 갖는 이유는 인체 내의 단백질을 구성하는 아미노산의 상당수가 체내에서 합성되지 못하거나 합성되는 양이 상대적으로 부족하여 필수 아미노산의 경우 반드시 식이를 통하여 공급되어야 한다는 것이다. 식이로 섭취한 필수 아미노산은 단백질 합성에 쓰이거나 대사되어 에너지원으로 이용된다. 현재 아미노산 필요량에 대한 근거는 인체 내의 아미노산 재활용률을 대략 90%로 계산하여 필수아미노산의 손실량을 추정하고 있다.[8] 또한 소모된 아미노산의 보충을 위해 흡수율과 처리 능력을 고려하여 활용률 70%를 적용하여 필수 아미노산의 필요량을 산정하고 있다.[9]

건강한 성인을 위한 필수 아미노산의 1일 필요량은 186mg/g protein이며, 이를 1일 섭취량으로 환산하면 약 13g 정도이다.[9] 본 연구에서 태권도 선수들의 식이 아미노산 섭취량을 조사한 결과, 필수 아미노산의 1일 섭취량은 연구시작 시 19.2~27.1g이었으며, 연구 종료 시에는 24.5~26.8g으로 필요량을 상위하는 수준이었다. 일반인을 위한 단백질 권장량은 70g/day로 연구 대상자인 태권도 선수들은 시합 준비기 12주간 평균 73.7~104g/day을 섭취하고 있어 권장량의 약 124%에 해당하는 단백질을 섭취하고 있었다. 한편 BCAA의 1일 식이 섭취량은 연구시작 시 8.5~12.2g, 연구 종료 시 10.9~

11.9g으로 조사되었다.

한국인 영양권장량에서 제시한 BCAA의 1일 필요량은 isoleucine 12mg/kg/day, leucine 16mg/kg/day, valine 14mg/kg/day으로 필수 아미노산의 40%를 차지하는데 본 연구의 태권도 선수들은 이에 해당하는 양을 섭취하고 있는 것으로 조사되었다. 그러나 운동선수를 위한 BCAA의 필요량은 아직 제시된 바가 없어 섭취량을 판정할 수 없으나, 단백질의 권장량이 운동선수에서 일반인을 위한 권장량의 2배 이상임을 감안한다면 운동선수를 위한 BCAA의 필요량도 제시되어야 할 것으로 사료된다.

필수 아미노산의 섭취는 식이 단백질 조성과 직결되어 있으며, 양질의 단백질 섭취는 필수아미노산의 섭취량을 높일 수 있다. 질이 높은 단백질에 포함되어 있는 9가지 필수 아미노산 중 BCAA가 차지하는 부분은 약 40~43%정도이며, 이 수치는 질이 낮은 단백질 섭취에 의해 낮아진다. 따라서 단백질의 1일 섭취량도 중요하나 어떤 유형의 단백질을 섭취하는가에 따라서 BCAA의 섭취량도 달라진다. 운동선수들의 단백질 섭취량을 조사한 연구에서 유도 선수와[10] 레슬링 선수의[11] 단백질 섭취량이 높은 것으로 보고된 바 있다. 또한 배구선수의 단백질 섭취량도 권장량의 109%에 해당하는 것으로 조사되었다.[12] 그러나 필수 아미노산과 BCAA의 식이 섭취량을 운동선수를 대상으로 하여 조사한 연구는 아직 미비한 실정이다. 한편 외국 선수들의 경우, 단백질 섭취를 일반인을 위한 권장량의 150~200%까지 권장한다는 연구 결과[13]도 있어 우리나라 운동선수들의 단백질 섭취량은 외국 선수들과 비교하여 낮은 것으로 사료된다.

2) 혈액과 뇨 중의 BCAA 및 amino acid profile

혈중 BCAA의 profile을 분석한 결과 isoleucine은 BCAA 보충 전보다 보충 후 모든 군에서 유의하게 증가하였고, leucine의 경우는 BCAA 보충군에서만 보충 후 유의하게 증가하였다($p < 0.05$). Valine의 경우도 leucine의 경우와 유사하게 BCAA 보충 전보다 보충 후 유의하게 증가하였다($p < 0.05$). 그러나 보충한 양에 비례하여 혈액에 반영되지는 않았으며, 이 결과는 김재철 등의 연구[3] 결과와 유사하였다. Leucine은 근단백질의 분해를 억제하며, 췌장으로부터의 인슐린 분비를 촉진시켜 근단백질의 합성을 증가시키는 것으로 보고되었다.[14] 동물 실험에서도 leucine이 스트레스로 인하여 근단백질의 합성이 저하된 상태에서 질소 보유능력을 상승시키는 것으로 보고하였다.[15] 따라서 운동 후 충분한 BCAA의 섭취는 근단백질 합성에 긍정적인 영향을 미칠 수 있는 것으로 사료된다.

김기진 등은 BCAA의 보충이 혈중 아미노산 농도를 적절하게 유지시켜 주므로 중추성 피로의 발생을 억제하고 지구성 운동능력을 증가시킬 수 있다는 이론으로 BCAA의 보충이 선수들의 운동수행능력에 긍정적인 효과를 미친다고 주장하였으나[16], 지구성 운동 시 중추신경계의 피로물질의 감소작용으로 피로를 지연시키는 효과만 있을 뿐 운동수행능력에는 효과가 없다는 보고도 있다.[17),18),19] 한편 운동수행 시 BCAA 섭취는 혈중 젖산 농도 증가가 현저하게 나타나는 고강도 운동 시 혈중 젖산 농도를 억제함으로써 운동수행능력에 효과가 있을 것으로 보고된 바 있어[20] 피루브산과 더불어 아미노산의 탈아미노 활성 및 근육에서 혈중으로의 젖산 유출을 억제할 것으로 사료된다.

또한 운동 시의 BCAA의 보충은 AAA/BCAA 비율을 낮게 유지시켜줌으로써 혈중 5-hydroxytryptamine의 상대적 농도 상승을 방지하는 것[16]으로 볼 때, 본 연구 결과에서 나타난 BCAA의 혈중 농도 증가는 혈중 젖산 농도의 감소를 유도하고 5-hydroxytryptamine 농도를 감소시켜 운동수행능력에 긍정적인 효과를 미칠 것으로 사료된다.

BCAA를 제외한 필수 아미노산의 혈액 분석 결과, 필수 아미노산인 histidine은 근수축 시에 필요하며, 관절의 유연성을 증진시키는 데 영향을 주는 아미노산으로 위약군과 2.5g 보충군에서 histidine의 농도가 유의하게 낮았다. 이 결과는 2.5g의 BCAA 보충은 혈중 histidine 농도에 영향을 미치지 않는 것으로 사료되며, BCAA 5g 보충군에서의 혈중 histidine의 농도 증가는 긍정적인 영향을 미치는 것으로 사료된다. 또한 lysine, methionine, phenylalanine의 농도는 모든 군에서 보충 전보다 보충 후 유의하게 증가하였다. Lysine의 경우, 근육에 다량으로 존재하는 아미노산이지만 결핍될 경우, 성장지연과 면역장애를 일으킨다. 또한 methionine은 유황을 함유하고 있어 항산화 영양소를 합성하는 데 도움을 준다. 따라서 본 연구에서 lysine과 methionine이 모든 군에서 유의하게 증가한 것은 BCAA의 효과가 아닌 장기간의 운동에 의한 것으로 사료되며, lysine의 경우 동물성 단백질에 풍부한 아미노산이므로 선수들의 단백질 섭취량 조사 결과 충분한 섭취 상태였기 때문인 것으로 사료된다. 한편 methionine의 증가는 체내 항산화 체계에 영향을 가져와 긍정적인 영향을 미칠 수 있을 것으로 사료된다.

Threonine에서는 보충군에서만 유의하게 증가하였는데 BCAA의 보충효과에 의한 것으로 사료되며, threonine은 valine과 함께 succinyl CoA를 통하여 TCA-cycle에 유입되어 glucose를 생성하여 에너지원으로의 사용을 용이하게 하므로 threoninie의 증가는 에너지원 생성에 매우 긍정적인 효과를 줄 수 있을 것으로 사료된다.

불필수 아미노산인 alanine, arginine은 BCAA 5g 보충군에서만 유의하게 증가하였다. 이는 BCAA의 보충으로 인한 alanine의 증가로 높은 강도의 장시간 운동을 가능하게 하고, 회복 능력을 활성화시킬 수 있다는 이론[21]을 뒷받침한 것이며, 사이클 선수의 BCAA 보충 섭취가 혈장 alanine, glutamate 농도의 증가와 함께 위약군에 비해 근글리코겐 사용이 감소된다는 연구 결과[7]와도 일치하는 것이다. 따라서 혈장 alanine의 농도 증가가 혈중 글루코오스 농도의 유지와 더불어 혈중 젖산 농도 증가를 억제할 수 있을 것으로 사료된다.[22),23),24)] 또한 BCAA 보충으로 인하여 혈중 aspartic acid 농도도 유의하게 증가하였는데 특히 BCAA 5g 보충군에서 높게 증가하였다. 이는 에너지 소모량이 많은 선수들에게 긍정적인 효과를 미칠 수 있는 결과로 사료된다. 그러나 alanine과 함께 에너지원으로 사용이 가능한 glutamine의 경우, 모든 군에서 유의하게 증가한 것으로 보아 운동 시에 필요한 에너지원으로 단백질이 계속 사용되고 있음을 나타낸 결과로 사료된다.

Glycine과 serine, tyrosine에서도 BCAA 보충군에서 유의하게 증가하였다. Glycine은 serine을 거쳐 pyruvate의 경로를 통해 에너지로 사용될 수 있으므로 보충군에서의 유의적인 증가는 BCAA 보조제 섭취에 의한 긍정적인 효과인 것으로 사료되며, 더욱이 glycine은

methionine과 함께 creatine의 생합성 전구체로서 근육 내의 creatine 생합성에 관여한다. 한편 tyrosine은 운동 시 체내 단백질의 대표적인 분해 지표로서 사용되는데,[25] 혈중 tyrosine이 유의하게 증가한 이유는 Graham 등의 연구 결과[26]를 고려할 때, 운동 중 근단백질의 이화작용에 의해서 유도되는 것으로 체내 아미노산이 에너지원으로써 사용되고 있는 것으로 사료된다.

BCAA 보조제 섭취에 대한 뇨 분석 결과에서는 leucine에서만 위약군과 BCAA 5g 보충군에서 배설량이 유의하게 증가하였으며, isoleucine과 valine의 농도에는 변화가 관찰되지 않았다. 혈중 BCAA 농도는 보충제를 섭취한 군에서 모두 유의하게 증가하였으나, 뇨 중 BCAA의 농도는 같은 경향을 나타내지 않았다. 이는 혈중 BCAA가 골격근의 단백질 합성에 이용되어 뇨로 배설되는 양이 감소한 것으로 사료된다.

필수 아미노산과 불필수 아미노산의 뇨 분석에서 lysine은 위약군이 BCAA 5g 보충군에 비해 유의하게 높은 것으로 나타난 것으로 보아 운동에 의한 근단백질의 손실로 인해 뇨의 배설량이 증가된 것으로 사료된다. 그러나 뇨 중 methionine의 농도는 BCAA 5g 보충군에서 보충 후에 유의하게 증가하였고, threonine은 위약군에서만 유의하게 증가하였다. 혈중 농도는 식이단백질의 충분한 섭취로 인한 것이나, 뇨 배설량의 유의한 증가는 보충군의 경우, BCAA의 보충으로 인해 근단백질의 손실을 감소시킨 반면, 위약군은 근단백질이 에너지원으로 사용되면서 뇨의 배출이 많아진 것으로 사료된다.

Alanine의 경우는 5g 보충군에서만 유의하게 증가하여 BCAA

보충에 의해 혈중 alanine의 농도가 증가한 만큼 뇨로 배설된 alanine의 양 또한 증가한 것으로 사료되며, 이는 단백질 분해에 의한 에너지원의 사용이 계속되고 있음을 나타내는 결과라고 할 수 있다.

3) 혈액과 뇨 중의 요소, 질소(BUN, UUN) 농도 및 creatinine 농도

단백질 필요량은 활동 시의 에너지 평형 유지를 위해 단백질의 합성과 분해가 평형을 이루어 질소 평형을 유지할 수 있는 최소량을 의미하는 것으로 건강을 유지하기 위해서는 질소 평형상태를 이루어야 한다.[27]

혈중 요소, 질소 농도의 상승은 음식물 섭취에 의해 영향을 받으며 8mg/day 이하의 수치가 나오면 단백질 섭취가 부족한 상태임을 의미한다. 또한 뇨 중의 요소, 질소 농도의 감소는 영양 상태가 불량하거나 단백질 섭취량이 부족할 경우 초래된다.[28]

본 연구 결과 모든 군의 혈중 요소, 질소 농도는 정상수준이었으나, 위약군에 비해 BCAA 5g 보충군에서 연구 종료 시 혈중 요소, 질소 농도가 높은 이유는 BCAA의 보충제 섭취로 인한 것으로 사료된다. 뇨 중 요소, 질소 농도는 운동선수들의 경우 대부분 증가한다고 보고하고 있지만,[27] 본 연구의 결과 모든 군에서 유의하게 감소하였다. 이는 열량 섭취 부족과 더불어 계속된 훈련으로 인하여 단백질의 손실이 많아져서 감소한 것으로 사료된다.

Creatinine은 거의 일정하게 근육조직으로부터 방출되기 때문에 뇨 중 creatinine의 수치는 근육조직과 비례하며, 뇨 중 creatinine 농도의 감소는 영양불량이나 근육위축 등이 있는 경우 초래될 수 있다.[29] 본 연구에서 위약군과 BCAA 2.5g 보충군에서 연구 종료 시 유의하게 감소한 결과를 볼 때 체중감량과 더불어 지속적인 훈련에 의한 것으로 사료되며, BCAA 2.5g 보충군에서의 유의한 감소는 BCAA를 공급한 양이 근육 내의 creatinine을 유지시키기에는 부족한 것으로 사료된다. 아울러 BCAA 5g 보충군에서 혈중 creatinine의 감소가 되지 않은 이유는 공급한 BCAA의 양이 충분하여 근육 내의 creatinine 양을 유지시켜 준 것으로 사료된다.

4) 혈중 지질농도

혈중 triglyceride는 모든 군에서 보충 전보다 보충 후 유의하게 증가하였으며, free fatty acid는 보충 후 유의하게 감소한 것으로 나타났다. 혈중 triglyceride은 에너지로 사용되지 않을 경우, 지방 조직 내에 무한정으로 저장된다.[26] 따라서 triglyceride가 모든 군에서 연구 종료 시 유의하게 증가한 이유는 명확하게 설명할 수 없으나, 위약군에서도 증가한 것으로 보아 BCAA의 보충 효과는 아닌 것으로 사료된다.

한편 혈중 free fatty acid가 감소한 이유는 첫째, 위약군에서도 감소한 것으로 보아 BCAA 보충 효과는 아닌 것으로 사료된다. 둘째, BCAA 보충 후 BCAA가 근육에서 대사되어 에너지원으로 사용되므로 체지방의 분해가 억제되어 혈중 free fatty acid 농도가 감소한 것으로 사료된다. 셋째, 계속되는 훈련으로 free fatty acid가 에너지원으로 사용되어 혈중 농도가 저하된 것으로 사료된다. 넷째, 보충 전 혈중 free fatty acid가 높은 이유를 추정해 볼 때 휴식기의 열량 섭취가 낮은 것이 원인일 수 있으며, 다섯째, 흡연이 fatty acid의 증가를 초래한다는 이론[27]을 감안한다면 태권도 선수들의 휴식기 흡연율이 시합 준비기 12주간의 흡연율보다 높았을 것으로 사료된다. 따라서 모든 군에서 free fatty acid가 유의하게 감소한 것은 합숙에 의한 규칙적인 식습관과 더불어 훈련 시간이 길어짐에 따라 감소되었을 것으로 추정해 볼 수 있다. 본 연구 결과는 장기간 운동 시 혈중 free fatty acid가 증가한다는 이한 등의 보고[28]와는 상반된 결과이다.

지질대사에서 직접적인 에너지원으로 골격근에서 산화되는 것은 대부분 fatty acid이며, 에너지원으로 사용되지 않을 경우 중성지방 형태로 축적된다. 조직 내의 중성지방은 대사적 수요에 따라 fatty acid로 분해되어 혈중으로 방출되며, 에너지원으로 이용될 경우, β-산화를 거쳐 아세틸 CoA, TCA회로 과정에서 완전 산화되어 ATP가 발생한다.[29]

5) 혈중 SOD와 MDA 농도

체내의 유산소성 기관은 운동 시 수반되는 산소 섭취량의 증가에 따라 산소 독성(oxygen toxicity)에 대한 부정적인 영향을 받게 되는데, 과도한 운동은 세포조직의 지질에 산화적 손상을 유발시킬 수 있다.

SOD는 체내의 free radical의 활동에 의한 산화를 막아주는 항산화효소로서 체내에서 항산화 기전에 의해 작용하지만 과도한 운동 혹은 스트레스로 인해 산화가 증가할 경우, 체내에서 생성되는 양으로는 부족하므로 항산화 비타민을 섭취함으로써 도움을 줄 수 있다. 그러나 Ji 등[30]은 골격근 세포는 free radical 손상으로부터 보호할 수 있는 특수한 기전을 가지고 있어 골격근의 항산화 효소 활성은 규칙적인 운동 트레이닝을 통해 혈액 및 골격근의 항산화 효소 활성도를 유의하게 개선시킬 수 있음을 증명하였다.

태권도 선수들의 혈중 SOD는 모든 군에서 유의한 변화가 관찰되지 않았다. 그러나 MDA의 경우 연구 종료 시 모든 군에서 유의하게 감소하였으며, 보충제를 섭취하지 않은 위약군에서도 감소한 것으로 보아 BCAA의 효과에 의한 감소는 아닌 것으로 사료된다.

지질의 과산화가 일어날 경우, 체내 항상성 기전에 의해 항산화 효소들의 활동으로 어느 정도의 방어력을 유지하며,[31] 6주간의 장기적인 트레이닝이 MDA 농도 저하 및 SOD 농도를 증가시키고, 장기간의 지구성 훈련이 항산화 효소의 활성을 증가시킨다는 연구 결과[30]를 볼 때, 모든 군에서 유의하게 감소한 이유는 12주간의 장기적인 트레이닝으로 인해 체내 항산화 방어체계 기전에 의한 항산화 효소 활동 증가에 의한 것으로 사료된다. 또한 BCAA의 보충 섭취에 의해 혈중의 아미노산(threonine, glycine, serine, tyrosine, arginine) 증가로 인하여 면역작용 및 항체 생성이 촉진되어 항산화 효소의 활성에 간접적인 영향을 준 것으로 사료된다.

6) 최대 무기적 파워, 다리신전 파워 및 등속성 근력

최대 무기적 파워는 자전거 에르고메터를 이용한 수직운동 형태의 다리근 파워를 측정한 것으로 본 연구의 결과, 5g 보충군에서만 유의하게 증가하였으며 위약군보다 유의하게 높았다. 그러나 수평운동 형태의 다리신전 파워는 모든 군에서 유의한 변화가 관찰되지 않았다.

근파워는 근력과 근수축 속도에 영향을 받으며, 수의적인 최대 근력은 근횡단면적과 근섬유의 종류(Type I, Type IIa, b, c) 그리고 에너지 저장량(ATP, ADP, PCr 등)에 영향을 받는다. 아울러 근수축속도는 운동단위의 동원 형태와 운동단위의 동기화 등에 영향을 받는다. 본 연구에서 최대 무기적 파워 측정 결과 BCAA 5g 보충군에서만 유의하게 증가한 이유는 체중 및 제지방체중, 체지방률에 유의한 변화가 없었던 것을 생각할 때에 근횡단면적의 증가에 의한 영향이 아니라, 신경계 요인, 즉 운동단위의 동원 형태가 S(slow twitch) 및 FR(fast twitch fatigue resistant)타입 중심에서 FI(fast twitch intermediated) 및 FF(fast twitch fatigable)타입으로 전환된 것과 운동단위의 동기화로 한꺼번에 많은 운동단위가 동원된 때문으로 생각할 수 있을 것이다.[14] 그러나 동일한 체력 요인인 다리신전 파워에서 아무런 효과가 나타나지 않은 이유는 정확한 기전을 설명할 수는 없으나, 운동 형태학적 측면에서 볼 때에 태권도의 운동 형태가 주로 좌측 또는 우측 다리를 상하로 신전하며 단축시키는 동작을 이루고 있어 두 발을 모은 상태에서 수평방향으로 단속적인 근파워를 측정하는 다리신전 파워는 12주간의 태권도 훈련의 영향을 받지 못한 결과로 사료된다.

한편 선행연구에서는 단기간의 고강도 운동 시 크레아틴 보충이 근육 내 PCr 함량을 증가시키고, 소비된 ATP의 재보충을 빠르게 이루어 운동수행능력을 향상시키는 결과[32),33)]와 크레아틴 및 methionine의 투여가 등속성 근력과 근파워, 무산소성 운동능력의 증가를 가져오고,[34)] 카르니틴, 글루타민 등의 보충 섭취가 지구성 운동 및 무산소성 운동능력을 향상시킨다는[35),36),37),38)] 사실을 보고하였다. 본 연구에서는 필수 아미노산인 BCAA 보충 섭취도 무산소 파워에 긍정적인 효과를 미친다는 것을 제시하였다. 특히 아미노산 복합체를 유산소성 운동 형태인 수영선수와 무산소성 운동 형태인 역도 선수에게 각각 8주간 섭취시킨 결과, 역도선수에서 각 근 순발력의 유의한 증가를 보인 연구 결과[39)]도 이미 보고된 바 있어 BCAA보충 섭취가 근파워의 증가에 영향을 미칠 수 있음을 뒷받침하고 있다.

무릎관절 등속성 근력($60°/sec$) 측정에서 우측다리신전운동 시 위약군과 2.5g 보충군에서 peak torque, average power가 유의하게 감소하였으며, peak torque와 total work, average power는 5g 보충군에 비해 위약군에서 유의하게 낮았다. Peak torque와 total work, average power에서 5g 보충군에 비해 위약군과 2.5g 보충군에서 유의하게 감소한 이유는 시합을 대비한 집중적인 장기간의 고강도 트레이닝에 의한 에너지원의 고갈과 더불어 불충분한 휴식, 정신적인 스트레스에 의한 것으로 사료된다. 따라서 동일한 환경에서 BCAA 5g 보충군에서 근력 감소가 일어나지 않은 결과는, 가시적인 performance의 증가는 없었으나, BCAA의 보충이 근력의 감소를 억제하는 데 영향을 미칠 수 있음을 나타낸 것으로 평가할 수 있을 것이다. 한편 무릎관절 등속성 근수축(60°/sec)시의 좌측 다리 근력이 우측다리에 비해 두드러진 점은 없었다. 그러나 flexion extension peak torque ratio에서는 위약군이 유의하게 증가하였다. 이러한 결과는 위약군의 extension peak torque가 12주 후 유의하게 감소하여 flexion이 상대적으로 유의하게 증가한 때문이다.

180°/sec 조건의 근파워 측정 시 우측다리신전 peak torque가 5g 보충군보다 위약군이 유의하게 낮은 것은 위에서 설명한 바와 같이 BCAA의 보충이 근력의 감소를 억제하는 데 영향을 미칠 수 있음을 나타낸 것으로 사료된다. 한편 굴근운동 시의 total work에서는 위약군만 유의하게 증가하였다. 또한 신근과 굴근의 peak torque %의 경우도 위약군만 유의하게 증가하였는데, 이는 굴근 pcak torque의 약 13% 증가에 의한 것으로 사료된다. 또한 위약군에서 flexion extension peak torque ratio의 증가는, 유의하지는 않지만 보충 전 extension peak torque가 보충군에 비해 낮았기 때문에 상대적으로 유의하게 증가한 것으로 사료된다. 좌측 다리의 경우, 신전 운동 시 peak torque와 total work, average power에서는 2.5g 보충군에 비해 위약군에서 유의하게 낮았다. 5g 보충군보다 2.5g 보충군에서 위약군과 유의적인 차이를 나타낸 것은 BCAA의 보충 섭취에 의한 것이라고 추정할 수는 없으나, 보충 전에 5g 보충군에 비해 2.5g 보충군이 유의하지는 않지만 근력이 높은 경향으로 12주간의 보충제 섭취로 인해 근글리코겐이 유지되어 보충 12주 후에 위약군에 비해 높은 결과를 가져온 것으로 사료된다. 따

라서 BCAA의 보충은 근력을 향상시키는 효과보다는 과도한 고강도 운동 시의 근글리코겐 분해에 의해 나타나는 에너지원의 감소를 억제하는 효과가 있는 것으로 평가되어 추후 이에 대한 세부적인 연구가 요구된다.

270°/sec 조건의 근지구력 측정에서 우측 다리에서는 유의적인 변화가 없었으나 좌측 다리의 경우 peak torque와 average power, total work set에서 보충제를 섭취한 군에 비해 위약군이 낮았다. 이는 180°의 근파워 측정결과와 마찬가지로 BCAA의 보충에 의해 근글리코겐의 감소가 억제된 때문으로 사료된다. 아울러 김완수, 장순옥, Davis 등[6,18,15]이 제시한 BCAA의 보충이 뇌 내의 free tryptophan 농도를 증가시켜 중추피로물질을 감소시키므로 지구성 수행능력을 증가시킨다는 연구 결과는, 본 연구에서 나타난 좌측 다리의 peak torque와 average power, total work set에서 보충제를 섭취한 군이 위약군보다 높은 경향은 근피로 지연의 효과로 생각해도 타당할 것으로 사료된다.

한편 아미노산의 보조제의 섭취는 운동 형태에 따라 주로 사용되는 근육의 파워를 향상시키는데, 특히 레슬링 선수에서는 악력과 다리근력에서 효과적이었다는 선행연구의 결과[40]를 볼 때, 발차기 기술을 주로 사용하여 득점을 하게 되는 태권도의 경기 특성을 감안하여 본다면, BCAA의 효과는 선수들의 계속된 훈련에 의한 protein turnover rate가 증가된 상황에서 근력유지 및 향상에 긍정적인 효과를 줄 수 있을 것으로 사료되어 추후 이에 대한 연구가 주목된다.

V. 요약 및 결론

대학 남자 태권도 선수 48명을 대상으로 각각 16명씩 3그룹 (2.5g/ day supplemented group; HSG, 5.0g/day supplemented group; FSG, placebo group; PSG)으로 나누어 BCAA 보조제를 운동 직전과 직후에 섭취하는 방법으로 시합 준비기 12주간 공급하여 아미노산 profile, 혈중 지질농도, 아미노산 식이 섭취량 및 근력을 측정하여 비교함으로써 다음과 같은 결론을 얻었다.

1. 식이 아미노산 섭취량은 보충 전에는 세 군 간의 차이가 없었으며, BCAA 보충제를 포함한 보충 후의 섭취량은 각각 11,442.2, 13,369.6, 16,888.5mg/day로 세 군 간의 유의적인 차이가 있었다.

2. 혈액 분석 결과, BCAA인 isoleucine은 보충 후 모든 군에서 유의하게 증가하였으며, leucine과 valine은 HSG과 FSG에서만 증가하였다. 혈중 필수 아미노산은 histidine에서 PSG과 HSG에서는 보충 후에 유의하게 감소하였으나, FSG에서는 유의하게 증가하였으며, lysine과 methionine, phenylalanine에서는 보충 후 모든 군에서 유의하게 증가하였고, threonine은 HSG과 FSG에서만 유의하게 증가하였다. 또한 불필수 아미노산은 alanine에서 HSG과 FSG이 유의하게 증가하였고, arginine은 FSG에서만 유의하게 증가하였으며, aspartic acid도 보충 후 모든 군에서 유의하게 증가하였다. Glutamine은 보충 후 모든 군에서 유의하게 증가하였으나, glycine

의 경우는 PSG에서 유의하게 감소하였고, HSG과 FSG에서는 유의하게 증가하였다. Serine은 FSG에서만 유의하게 증가하였으며, tyrosine은 보충 후 HSG과 FSG에서만 유의하게 증가하였다. 또한 BUN의 경우, 보충 후 FSG에서만 유의하게 증가하였으며, UUN은 보충 후 모든 군에서 유의하게 감소하였다. Creatinine은 보충 후 PSG과 HSG에서 유의하게 감소하였다.

혈중 triglyceride는 보충 후 모든 군에서 유의하게 증가하였고, free fatty acid는 유의하게 감소하였다. 또한 SOD는 보충 후 유의적인 변화가 관찰되지 않았으며, MDA는 보충 후 모든 군에서 유의하게 감소하였다.

3. 뇨 분석 결과, BCAA는 leucine에서만 PSG과 FSG에서 유의하게 증가하였으며, 필수 아미노산에서는 methionine에서 HSG과 FSG이 보충 후 유의하게 증가하였고, PSG보다 유의하게 높았다. 또한 lysine에서는 보충 후 PSG보다 FSG이 유의하게 낮았으며, threonine도 PSG보다 FSG이 보충 후에 유의하게 낮았다. 불필수 아미노산의 arginine은 PSG에서만 보충 후 유의하게 증가하였으며, cysteine에서는 HSG에서만 보충 후 유의하게 감소하였다.

4. 근력 측정 결과, 최대 무기적 파워에서는 보충 후 FSG에서만 유의하게 증가하였으며, PSG보다 유의하게 높았다. 그러나 다리신전 파워에서는 모든 군에서 유의적인 변화가 관찰되지 않았다. 또한 등속성 근력 측정에서는 60°와 180°의 extension에서 PSG과 FSG 간의 유의적인 차이가 있었으며, 270° 경우도 좌측 다리의

extension에서 PSG과 FSG 간의 유의적인 차이를 보였다.

　이상의 결과에서 체중감량과 더불어 과도한 근력을 사용하는 태권도 선수들에게 BCAA의 보조제 섭취는 혈중 BCAA 농도를 상승시키며, 근글리코겐의 분해를 감소시켜 근력의 감소를 억제하는 데 긍정적인 영향을 미칠 수 있을 것으로 사료된다.

참고문헌

1. 이명천, 김기진, 김미혜, 박현, 이대택, 조정호, 치광석, 홍성찬. 건강과 운동기능 향상을 위한 스포츠 영양학 제6판. *라이프사이언스*, 2003.

2. 박현, 김영수, 김완수, 오재근, 이근일, 최병범. 운동 생화학. *라이프사이언스*, 2003.

3. 김재철, 김경태, 김창근. 채식인의 BCAAs 섭취 후 지구성 운동 시 나타나는 혈중 에너지 대사 물질의 변화. *한국체육학회지*, 41(5): 981-990, 2002.

4. Bloomstrand, E. Influence of ingesting a solution of branched-chain amino acids on perceived exertion during exercise. *Acta. Physiol. Scand.*, 159(1): 1-49, 1997.

5. Shimomura, Y. Effects of exercise and nutrition on branched-chain amino acid metabolism. *Sport science congress 2002 busan asian games*, pp.181-186, 2002.

6. 김완수, 지상철, 안의수. Branched-chain amino acids와 ornithine α-ketoglutarate 혼합 투여가 흰쥐의 혈장 아미노산, 뇌 트립토판 농도 및 지구성 운동수행에 미치는 효과. *운동영양학회지*, 1(2): 97-109, 1997.

7. Bloomstrand E., and Newsholme E. A. Influence of ingesting solution of branched-chain amino acids on plasma and muscle concentrations of amino acids during prolonged submaximal exercise. *Nutr.*, 12(7-8): 485-490, 1996.

8. World Health Organization(WHO). Energy and Protein Requirement. Report of a Joint FAO/WHO/UNU Expert consultation. WHO Technical Report Series No 724, Geneva, *World Health Organization*, 1985.

9. 한국인 영양권장량(제7차 개정). 사단법인 *한국영양학회*, 2000.

10. 김혜영. 유도를 전공으로 하는 대학생들의 식생활 행동에 관한 조사연구. *한국식생활문화학회지*, 10(5) : 449-455, 1995.

11. 이명천, 김영수, 박현, 조성숙. 체급종목 선수의 체중조절 및 영양관리에 관한 연구. *체육과학연구*, 8(3) : 1-18, 1997.

12. 김지현, 조여원, 조미란, 선우섭. 배구선수에서 Training과 Detraining 기간의 식행동 및 혈중 지질농도. *대한지역사회영양학회지*, 4(2) : 231-238, 1999.

13. Peter, W.R., Lemon and David N. Proctor. protein intake and athletic performance. *Sports med.*, 12(5) : 313-315, 1991.

14. 김도준, 김영수, 김완수, 선우섭, 안익수, 이규성, 이근일, 임순길. 운동근 생리 생화학. *도서출판 한미의학*, 2003.

15. 장순옥. Leucine이 정상 또는 굶게 된 쥐의 골격근육의 단백질 생합성에 미치는 영향 *한국영양학회지*, 21(4) : 242-252, 1988.

16. 김기진. 아미노산 함유음료 섭취가 최대하 운동 시 아미노산대사에 미치는 영향. *운동영양학회지*, 2(2) : 35-48, 1998.

17. Bloomstrand, E., Hassmen, B., Ekblom, and Newsholme, E. A. Administration of branched-chain amino acids during sustained exercise-effects on performance and on plasma concentration of some amino acids. *Eur. J. Appl. Physiol.*, 63 : 83-88, 1991.

18. Davis, J. M., Bailey, S. P., Wilds, F. A, Galiano, F. F.,

Hamilton, M., and Baltoli, W. P. Effects of carbohydrate feedings on plasma free-tryptophan and branched-chain amino acids during prolonged cycling. *Eur. J. Appl. Physiol.*, 65: 513-519, 1992.

19. 김완수. Branched-chain amino acids와 ornithine α -ketoglutarate 투여가 뇌 트립토판 농도 및 지구성 운동수행에 미치는 효과. *성균관대학교 대학원*, 1996.

20. Mole, P. A., Baldwin, K. M., Terjung, R. L., and Hooolszy, J. O. Enzymatic pathways of pyruvate metabolism in skeletal muscle: adaptations to exercise. *Am. J. Physiol.*, 224: 50-54, 1972.

21. Felig, P., and Wahren, J. Amino acid metabolism in exercising Men. *Clin. Invest*, 50(12): 2703-2714, 1971.

22. Holloszy, J. O. Adaptation of skeletal muscle to endurance exercise. *Med. sci. Exer.*, 7: 155-164, 1975.

23. Garber, A. J., Karl, and Kipnis, D. M. Alanine and glutamine synthesis and release from skeletal muscle. Glycolysis and amino acid release. *J. Biol. Chem.*, 251: 826-835, 1976.

24. Martin, W. H., Dalsky, G, P., Hurley, B. F., Matthews, D. E., Bier, D. M., Hagbery, J. M., Rogers, M. A., King, D. S., and Holloszy, J. O. Effects of endurance training on plasma free fatty acid turnover and oxidation during exercise. *Am. J. physiol.*, 265: 708-714, 1993.

25. Haralambie, G., and Berg, A. Serum ureas and amino nitrogen changes with exercise duration. *Eur. J. Appl. Physiol.*, 36: 39-48, 1976.

26. Graham, T. E., Pedersen, P. K., and Saltin, B. Muscle and blood ammonia. *Eur. J. Appl. Physiol.*, 63:1457-1462. 1987.

27. 최혜미. 21세기 영양학. *교문사*, 1998.

28. 이한, 홍미경, 신선애, 손태열, 안의수, 김완수, 홍용. BCAA 섭취가 중추피로 변인 및 지구성 운동수행능력에 미치는 효과. *운동과학*, 11(1): 25-34, 2002.

29. 조현철, 선우섭. 운동생리학 20강의. *도서출판 홍경*, 2003.

30. Ji, L. L., Demirel, H. A., Powers, S. K. Exercise training reduces myocardial lipid peroxidation following short-term ischemia- reperfusion, *Med. Sci. Exer.*, 30(8): 1211-1216, 1998.

31. Nakaya, H., Tohse, N., and Nanno, M. Electrophysiological derangements induced by lipid peroxidation in cardiac tissue. *Am. J. Physiol.*, 253: 1089-1097, 1987.

32. 권태동, 최성원, 류승필, 정관우, 이수천. 장기간의 트레이닝이 항산화효소 활성에 미치는 영향. *운동영양학회지*, 5(1): 91-99, 2001.

33. Harris, F. C., Soderlund, K., and Hulman, E. Elevation of creatine in resting and exercised muscle of normal subjects by creatine supplementation. *Clin. Sci. Lond.*, 83(3): 367-374, 1992.

34. Balsom, P. D., Harridge, S. D., Soderlund, K., Sjodin, B., and Ekblom, B. Creatine supplementation perse does not enhance endurance exercise performance. *Acta. Physiol. Scand.*, 149(4): 5212-523, 1993.

35. 백일영. Creatine 구강투여가 반복되는 조정선수의 최대 운동수행과 혈중 피로요소들의 변화에 미치는 영향. *한국체육학회지*, 37(3): 216-228, 1993.

36. 조현철. 크레아틴 투여량과 투여 시기가 엘리트 유도선수의 신체

조성과 혈액성분 및 등속성 근력 특성에 미치는 영향. *용인대학교 박사학위논문*, 2000.

37. 이한경, 이상기. 단기간 크레아틴 투여가 뇨 크레아티닌, 대퇴 신·굴근의 근력과 체구성비에 미치는 영향. *한국스포츠리서치*, 12(12): pp.169-178. 2001.

38. Becque, M. D., Lochmann, J. D., and Melrose, D. Effects of oral creatine supplementation on muscular strength and body composition. *Med. Sci. Exer.*, 32(3): 654-658, 2000.

39. 최성근, 안응남. Carnitine 투여가 운동 중 에너지 기질이용 및 운동 지속 시간에 미치는 영향. *한국체육학회지*, 35(4): 218-229, 1996.

40. 단백 보충제 섭취가 신체구성, 근위 및 근력에 미치는 영향. *강원대학교 대학원석사학위논문*, 1999.

APPENDICES

Appendix A. Raw data table

A-1. Intake of essential and nonessential amino acids

(mg)

Variable		Time	Group		
			PSG	HSG	FSG
EAA	Histidine	pre	1468.7±683.3	1746.7±832.2	2023.4±816.2
		post	2009.2±386.5	1895.1±731.9	2095.1±591.1
	Lysine	pre	3315.0±1731.9	3941.6±1837.2	4621.6±1791.9
		post	4429.6±992.6	4262.5±1660.2	4645.0±1292.9
	Methionine	pre	1126.5±538.1	1327.7±581.8	1573.1±612.9
		post	1499.9±319.4	1454.2±594.2	1605.0±374.0
	Phenylalanine	pre	2133.1±915.9	2598.3±1117.1	3074.8±972.8
		post	2846.9±542.4	2684.7±1032.6	2949.5±624.3
	Threonine	pre	2054.6±941.7	2425.2±1020.1	2861.1±995.0
		post	2702.4±520.0	2563.9±977.9	2794.3±663.7
	Tryptophan	pre	558.8±214.1	696.3±297.8	802.9±266.5
		post	755.5±135.1*	730.6±303.3	822.8±182.8
NEAA	Alanine	pre	2819.6±1296.4	3269.3±1365.4	3847.5±1295.8
		post	3583.9±666.0	3443.8±1306.7	3737.2±932.1
	Arginine	pre	3556.4±1524.1	4265.5±1806.2	5001.7±1564.3
		post	4620.7±852.7	4387.6±1640.2	4741.0±1094.5
	Aspartic acid	pre	4531.8±1780.9	5601.8±2242.1	6557.0±2096.0
		post	6126.7±1129.8*	5846.8±2293.6	6371.8±1496.8
	Cysteine	pre	686.5±241.8[a]	866.7±356.3[ab]	1045.2±313.1[b]
		post	935.0±174.3*	901.2±361.7	1016.0±207.3
	Glutamic acid	pre	8826.9±3564.4	10205.7±3999.0	12398.1±4432.0
		post	11407.0±1982.1	10623.9±4099.7	11829.5±2387.3
	Glycine	pre	2256.4±956.3	2848.2±1327.7	3264.9±1039.1
		post	2989.9±552.0	2935.4±1144.6	3140.1±774.3
	Serine	pre	2141.2±872.5[a]	2723.3±1166.9[ab]	3165.8±940.1[b]
		post	2859.2±548.5	2714.5±1064.6	3028.9±626.6
	Tyrosine	pre	1771.0±752.9	2104.5±869.9	2514.7±816.4
		post	2304.4±463.1	2177.7±845.5	2439.2±561.0
	Taurine	pre	16.7±43.7	6.6±11.8	13.4±17.4
		post	20.6±40.2	2.3±8.1	3.4±11.4
	proline	pre	2149.3±744.5[a]	2612.7±1032.6[ab]	3252.8±1246.5[b]
		post	3128.9±576.9**	2820.4±1105.6	3190.6±601.0

A-2. Serum levels of essential and nonessential amino acid

(μ mol/L)

Variable		Time	PSG	HSG	FSG
EAA	Histidine	pre	145.8 ± 6.2^a	137.1 ± 4.3^a	114.6 ± 3.2^b
		post	$119.9\pm9.2^*$	$122.0\pm6.7^*$	$140.1\pm7.4^{**}$
	Lysine	pre	204.0 ± 13.6	217.9 ± 6.6	208.1 ± 10.1
		post	$225.0\pm11.7^*$	$253.5\pm12.8^{**}$	$255.1\pm18.1^*$
	Methionine	pre	42.0 ± 2.3	42.0 ± 1.9	47.9 ± 3.4
		post	$69.9\pm1.8^{***}$	$62.9\pm2.3^{***}$	$69.6\pm2.6^{***}$
	Phenylalanine	pre	74.6 ± 1.9	72.9 ± 1.8	74.9 ± 3.1
		post	$81.6\pm1.4^*$	$85.5\pm3.2^{**}$	$94.8\pm6.4^{**}$
	Threonine	pre	145.3 ± 12.0	138.1 ± 6.2	136.9 ± 8.0
		post	167.6 ± 17.2	$160.0\pm8.3^*$	$177.4\pm9.5^{***}$
NEAA	Alanine	pre	620.2 ± 32.0^a	447.2 ± 33.4^b	367.2 ± 30.3^b
		post	603.5 ± 42.3	$595.6\pm55.4^*$	$633.6\pm74.5^{**}$
	Arginine	pre	162.5 ± 7.3^a	126.7 ± 2.6^b	122.5 ± 7.9^b
		post	150.2 ± 10.4	140.6 ± 9.9	$169.5\pm11.8^{***}$
	Aspartic acid	pre	3.5 ± 0.4	3.2 ± 0.2	2.9 ± 0.4
		post	$6.5\pm0.3^{***}$	$5.8\pm0.2^{****}$	$6.3\pm0.4^{***}$
	Cysteine	pre	49.8 ± 3.9	50.9 ± 3.0	55.8 ± 4.0
		post	52.5 ± 2.4	$57.6\pm2.5^*$	56.6 ± 2.0
	Glutamic acid	pre	1205.4 ± 63.0^a	1199.7 ± 44.0^a	826.6 ± 16.3^b
		post	$1372.0\pm45.2^*$	$1341.7\pm43.6^*$	$1421.6\pm29.0^{****}$
	Glycine	pre	283.7 ± 11.6^a	218.6 ± 13.8^b	240.1 ± 12.3^b
		post	$230.0\pm15.7^{a**}$	$266.6\pm18.6^{ab*}$	$309.7\pm16.3^{b**}$
	Serine	pre	137.5 ± 6.5	122.4 ± 5.3	131.7 ± 6.0
		post	134.6 ± 6.9^a	130.3 ± 7.3^a	$170.5\pm10.3^{b**}$
	Tyrosine	pre	59.0 ± 3.8	53.9 ± 1.7	57.7 ± 3.2
		post	67.1 ± 2.7	$69.0\pm3.1^{****}$	$75.3\pm3.4^{**}$
	Taurine	pre	50.9 ± 5.3	52.5 ± 2.4	52.8 ± 5.2
		post	61.2 ± 3.3	$67.9\pm3.0^{***}$	$73.3\pm7.1^*$
	3-mhis	pre	191.6 ± 3.6^{ab}	171.2 ± 7.8^a	216.3 ± 10.0^b
		post	$246.9\pm9.0^{a***}$	$218.3\pm2.0^{b****}$	209.3 ± 3.6^b
	Ornitine	pre	58.0 ± 6.3	53.8 ± 2.3	53.6 ± 3.8
		post	$68.1\pm5.2^{**}$	$65.2\pm4.7^*$	$73.2\pm4.9^*$
	Aaba	pre	25.6 ± 3.3	22.0 ± 1.8	25.8 ± 2.7
		post	$13.0\pm0.9^{a**}$	$16.5\pm1.8^{ab*}$	21.0 ± 2.7^b
	Phser	pre	6.0 ± 0.1^a	9.9 ± 0.7^b	6.6 ± 0.9^a
		post	$12.4\pm1.7^{**}$	$12.1\pm1.2^*$	$11.4\pm1.2^{****}$
	Hypro	pre	12.6 ± 1.2^a	17.3 ± 1.2^b	25.7 ± 3.0^b
		post	24.3 ± 5.5	18.1 ± 2.2	26.7 ± 4.5

A-3. Urine levels of essential and nonessential amino acid

(nmol/mg)

Variable		Time	Group		
			PSG	HSG	FSG
EAA	Histidine	pre	648.1±130.5	692.8±49.7	697.5±70.0
		post	811.8±208.8	666.7±70.5	637.4±40.4
	Lysine	pre	247.4±28.7	225.7±13.0	230.0±25.0
		post	372.2±78.2^a	257.0±29.9^{ab}	232.6±25.2^b
	Methionine	pre	25.3±5.0	23.8±1.7	21.5±2.4
		post	24.0±4.4^a	33.9±2.6^{b**}	36.7±3.1^{b***}
	Phenylalanine	pre	42.9±5.0	44.5±2.2	44.9±2.9
		post	51.0±6.3	44.6±4.1	50.3±4.4
	Threonine	pre	136.7±31.9	140.0±13.9	112.7±10.0
		post	205.5±52.0^a	150.0±19.2^{ab}	120.4±13.3^b
NEAA	Alanine	pre	375.3±104.0^a	260.3±22.9^{ab}	216.9±24.9^b
		post	360.3±54.1	328.3±42.0	274.0±23.4*
	Arginine	pre	18.2±2.8	17.1±1.0	20.6±2.5
		post	25.7±4.1*	20.2±1.9	19.7±2.4
	Aspartic acid	pre	274.2±66.2^a	172.7±11.8^b	161.2±22.8^b
		post	281.5±57.3	191.5±25.2	194.0±26.1
	Cysteine	pre	62.4±7.3	59.9±4.9	52.1±3.4
		post	66.4±11.3	51.3±4.6**	48.6±3.9
	Glutamic acid	pre	434.2±94.9	415.4±32.0	393.0±33.1
		post	557.3±102.3	461.8±50.3	413.3±32.5
	Glycine	pre	704.7±176.7	787.5±85.4	622.4±62.3
		post	937.4±174.9	976.5±100.3	649.0±80.9
	Serine	pre	220.6±44.5	300.9±22.6	269.0±22.4
		post	359.1±47.1	345.5±33.1	351.3±43.8
	Tyrosine	pre	56.8±11.5	69.7±6.6	60.0±6.7
		post	65.6±8.3	74.3±9.5	60.2±6.3
	Taurine	pre	1253.3±172.0	1346.6±147.5	945.3±85.7
		post	1303.7±228.0	1307.9±211.2	1193.2±177.0**
	3-mhis	pre	228.1±21.7	224.2±8.9	232.5±12.6
		post	234.9±53.3^{ab}	294.8±15.4^{a***}	211.5±11.8^b
	Ornitine	pre	15.1±1.7	14.2±0.8	14.5±1.7
		post	21.7±5.1^a	15.0±1.8^{ab}	12.6±1.3^b
	Aaba	pre	18.1±2.1	19.8±0.9	20.2±1.3
		post	21.8±1.7	20.9±2.2	18.4±1.0
	Phser	pre	42.7±4.0	42.9±1.6	41.4±1.5
		post	42.4±2.5	40.9±1.6*	40.2±1.4

Variable		Time	Group		
			PSG	HSG	FSG
NEAA	Hypro	pre	128.2 ± 23.2^a	56.5 ± 5.7^b	57.0 ± 6.1^b
		post	$38.8\pm7.6^{**}$	$33.5\pm3.7^{**}$	$32.7\pm4.0^{**}$
	Aaaa	pre	18.3 ± 8.8^a	59.3 ± 4.9^b	48.9 ± 4.0^b
		post	$52.3\pm7.6^*$	$38.4\pm6.4^{***}$	52.2 ± 7.0
	Gaba	pre	27.4 ± 3.3	35.2 ± 2.8	32.4 ± 4.0
		post	44.1 ± 6.6^a	33.4 ± 1.9^b	34.0 ± 2.6^b
	Eth	pre	348.5 ± 44.8	342.8 ± 13.6	350.2 ± 19.9
		post	330.4 ± 15.7	327.4 ± 19.0	$385.0\pm24.0^{**}$

A-4. Serum levels of BUN and urine level of UUN and creatinine

Variable	Time	Group		
		PSG	HSG	FSG
BUN	pre	11.9 ± 4.2^b	13.5 ± 2.9^{ab}	14.4 ± 2.6^a
(mg/dl)	post	13.6 ± 2.8^b	17.5 ± 4.9^{ab}	$18.3\pm\ 4.0^{a*}$
UUN	pre	6.3 ± 2.5	7.0 ± 1.7	7.4 ± 1.6
(g/day)	post	$3.7\pm0.9^{b**}$	$4.2\pm1.6^{ab***}$	$5.1\pm1.6^{a**}$
Creatinine	pre	1.36 ± 0.5	1.44 ± 0.3	1.52 ± 0.3
(mg/day)	post	$0.76\pm0.2^{b***}$	$0.93\pm0.4^{ab***}$	1.08 ± 0.3^a

A-5 Blood levels of Glucose, TC, TG, HDL-C, LDL-C and FFA

Variable	Time	Group		
		PSG[1]	HSG[2]	FSG[3]
Glucose	pre	101.4 ± 5.6^a	95.7 ± 6.4^{ab}	93.2 ± 11.3^b
(mg/dl)	post	103.2 ± 7.4	101.7 ± 4.6	100.1 ± 7.8
TG[4]	pre	61.7 ± 24.3	64.2 ± 34.3	40.5 ± 16.2
(mg/dl)	post	$106.2\pm55.9^{a*}$	$111.1\pm54.7^{a**}$	$61.7\pm16.1^{b**}$
TC[5]	pre	168.8 ± 23.7	168.4 ± 32.4	168.6 ± 27.6
(mg/dl)	post	163.0 ± 26.3	165.2 ± 22.3	162.7 ± 22.4
HDL-C[6]	pre	55.5 ± 7.3	52.1 ± 8.7	56.3 ± 7.4
(mg/dl)	post	52.6 ± 7.7	52.1 ± 12.7	57.2 ± 7.3
LDL-C[7]	pre	102.6 ± 24.3	$101.9\pm\ 24.5$	104.2 ± 30.0
(mg/dl)	post	89.2 ± 23.3	91.1 ± 18.9	93.2 ± 25.8
FFA[8]	pre	482.4 ± 217.2^b	464.4 ± 266.0^b	$795.7.1\pm391.4^a$
(mg/dl)	post	$154.9\pm90.6^{***}$	$213.4\pm152.0^{**}$	$262.9\pm239.5^{***}$

Appendix B. 설문지

B-1. 체중감량 실태조사

> 안녕하십니까? 이 설문지는 선수들의 체중감량과 체중조절에 관한 경향을 알아보기 위한 조사입니다. 여러분들이 응답하신 내용은 연구목적 이외의 다른 용도로는 사용되지 않을 것을 약속드립니다. 제시된 응답 내용을 읽으시고 해당 항목에 표시해주시기 바랍니다. 설문에 참여해 주심을 진심으로 감사드립니다.

[일반 사항]

※ 다음은 체중변동에 관한 내용입니다. 정확히 기재해 주시기 바랍니다.

성 명	선수경력	연 령(만)	신 장	체 중	체 급
	년 개월	세	cm	kg	

- 해당란에 ○표를 하거나 간략하게 기록해 주십시오.

1. 당신의 최고 경력은? (   )

　① 국가 대표(상비군 포함)　　② 전국 규모대회 입상

　③ 시·도 대회 입상　　　　　④ 입상 경험 없음

2. 체중감량에 대한 교육(강의)을 받은 적이 있습니까? (   )

　① 있다 → 3번 질문으로　　② 없다 → 4번 질문으로

3. 체중감량에 대한 교육(강의)은 누구로부터 받았습니까? (   )

　① 친구나 동료(선·후배 포함)　② 감독이나 코치(지도자)

　③ 부모나 친척　　　　　　　　④ 대중매체(TV·라디오)

　⑤ 학교 수업(강의)

4. 시합 전에 체중감량을 실시하십니까?

　① 항상 한다.　　　　② 때때로 한다.　　　　③ 감량하지 않는다

5. 시합 전에 체중감량을 한다면 그 이유는? (　　) ; 감량하지 않
　　는 경우, 6번으로

　① 경기력이 좋아지기 때문에(본인 경험)

　② 경기력이 좋아진다고 해서(타인 경험)

　③ 다른 선수들이 감량하기 때문에

　④ 코치(지도자)가 감량을 권해서

6. 시합 전 체중감량을 하지 않는다면 그 이유는? (　　)

　① 체중감량으로 경기 성적이 나빠질 것 같아서

　② 체중감량 후 경기 성적이 나빠져서(본인 경험)

　③ 체중감량하기 귀찮아서(감량의 고통을 피하기 위해서)

　④ 체중감량이 필요 없어서

※ 체중감량을 전혀 하지 않는다면, 다음의 설문(7번 항목부터)을

중단해도 좋습니다.

7. 당신은 언제부터 체중감량을 시작했습니까? (　　　　)부터

　예) 중학교 2학년부터(혹은 만 14세부터)

8. 당신은 최근 한 해 동안 평균 몇 회 체중을 감량했습니까?

　　　　　　　　　　　　　　　　　　　　　(　　)회

9. 체중감량 시 주로 누구의 권유로 실시합니까? (　　)

　① 스스로

　② 코치 또는 지도자

　③ 동료

　④ 기 타 (　　　　　)

10. 만일 약제를 이용하여 체중을 감량한다면, 그 방법은 누구에 의해서 실시하십니까?

　① 약사나 의사(전문가의 처방에 의해)　　② 본인 임의대로

　③ 코치(지도자)가 권유하는 대로　　④ 동료가 권유하는 대로

　⑤ 대중매체(TV·라디오)를 보고　　⑥ 기타 (　　　　)

11. 체중감량은 경기에 출전하기 며칠 전부터 시작하십니까? (　　)

　① 하루 전　　② 2~3일 전　　③ 4~7일 전　　④ 1~2주 전

　⑤ 2~3주 전　　⑥ 3~4주 전　　⑦ 1개월 전　　⑧ 기타 (　　)

※ 다음 질문에 ∨표를 해 주십시오.

	1kg 미만	1~3kg	3~5kg	5~7.5kg	7.5~10 kg	10kg 이상
12. 1회 체중감량 시 감량 정도는?	☐	☐	☐	☐	☐	☐
13. 시합이 끝난 후 체중증가량은?	☐	☐	☐	☐	☐	☐
14. 한 주간 평균 체중 변화량은?	☐	☐	☐	☐	☐	☐

※ 다음은 체중감량법에 관한 내용입니다. 각 항목별로 해당란에 ∨표를 해 주십시오

	매일	주당 3~4회	주당1회	2주 1회	하지 않음
15. 사우나를 통해서 체중을 감량	☐	☐	☐	☐	☐
16. 땀복을 착용하고 체중을 감량	☐	☐	☐	☐	☐
17. 수분제한을 통해서 체중을 감량	☐	☐	☐	☐	☐
18. 식이조절을 통해서 체중을 감량	☐	☐	☐	☐	☐
19. 단식을 통해서 체중을 감량	☐	☐	☐	☐	☐
20. 구토를 통해서 체중을 감량	☐	☐	☐	☐	☐
21. 설사약을 통해서 체중을 감량	☐	☐	☐	☐	☐
22. 이뇨제를 통해서 체중을 감량	☐	☐	☐	☐	☐
23. 운동을 통해서 체중을 감량	☐	☐	☐	☐	☐

※ 다음은 식이조절 및 형태의 선입견에 관한 내용입니다. 해당란
에 ∨표를 해주십시오.

	매일	주당 3~4회	주당 1회
24. 시합 전 먹는 것을 통제하지 못한다	☐	☐	☐
25. 시합 후 먹는 것을 통제하지 못한다	☐	☐	☐
26. 계체 후 시합 전까지 먹는 것을 통제하지 못한다	☐	☐	☐
27. 비시즌 동안 먹는 것을 통제하지 못한다	☐	☐	☐
28. 시즌 동안 식이 형태에 관한 선입견을 가지고 있다	☐	☐	☐
29. 비시즌 동안 식이 형태에 관한 선입견이 있다	☐	☐	☐

30. 현재까지의 감량한 빈도 및 양에 관한 내용입니다. 해당란에
∨표를 해주십시오.

감량체중 \ 빈도	감량빈도						
	0회	1~5회	6~10회	11~20회	21~50회	51~100회	100회 이상
0.5~5kg미만	☐	☐	☐	☐	☐	☐	☐
5~10kg미만	☐	☐	☐	☐	☐	☐	☐
10kg 이상	☐	☐	☐	☐	☐	☐	☐

31. 체중감량 이후 증상에 관한 내용입니다. 모든 해당란에 ∨표를
해주십시오.

☐ 피로	☐ 우울	☐ 권태로움	☐ 탈진
☐ 혼란	☐ 예민함	☐ 고독	☐ 화가 남
☐ 근육경련	☐ 손떨림	☐ 두통	☐ 어지러움(현기증)
☐ 잦은 복통	☐ 변비	☐ 잦은 설사	☐ 배고픔
☐ 갈증	☐ 절망	☐ 상쾌함	☐ 이상 없음

☐ 기타 (   )

B-2. 식습관 조사

해당란에 ∨표 해주시고, 기입란에는 구체적(반드시)으로 적어주십시오.

1. 운동은 언제 시작하셨습니까?

　　▶ 운동은 19___년(초 · 중 · 고)부터 하였다.

　　▶ 선수생활은 19___년(초 · 중 · 고)부터 하였다.

2. 운동은 하루에 몇 시간씩 하십니까?(개인운동 포함)

　　___시간___분

3. 과거에 앓았거나 현재 앓고 있는 질환이 있으십니까?

　　□ 예 (□ 위장병　　□ 고지혈증　　□ 고혈압　　□ 당뇨병

　　　　　□ 빈혈　　　□ 간질환　　　□ 신장병　　□관절염

　　　　　□ 심장질환　□ 기타)

　　□ 아니오

4. 가족 중에 과거에 앓았거나 현재 앓고 있는 질환이 있으십니까?

　　□ 예 (□ 위장병　　□ 고지혈증　　□ 고혈압　　□ 당뇨병

　　　　　□ 빈혈　　　□ 간질환　　　□ 신장병　　□ 관절염

　　　　　□ 심장질환　□ 기타)

　　▶ 구체적으로 □ 부모님　　□ 형제　　□ 할아버지/할머니

　　　　　　　　□ 외할아버지/외할머니　　□ 삼촌/고모

　　　　　　　　□ 외삼촌/이모

　　□ 아니오

5. 합숙 전과 현재 체중변화

　　□ 있음　　□ 없음

　　(만약 있다면, ___ kg에서 ___ kg으로 □ 증가,　□ 감소)

☞ 그 이유는

(1) ☐ 의도적인 체중조절 시도

(☐ 식사량 변화 ☐ 운동량 변화 ☐ 땀 손실(사우나)

☐ 금식　　　☐ 이뇨제복용 ☐ 기타)

(2) ☐ 규칙적인 생활로 인한 자연적 체중 변화

– 합숙 기간 동안 기준으로 기록해 주십시오.

6. 일반습관

(1) 하루 평균 수면시간:

☐ 3-4시간　　☐ 5-6시간　　☐ 7-8시간　　☐ 불규칙

(2) 수면 상황:

☐ 잘 잔다　　　　　　☐ 잠들기가 어렵다

☐ 잠이 깊이 들지 못한다　☐ 피로가 남는다

(3) 배변 상황:

☐ 규칙적이다　　☐ 불규칙하다　　☐ 변비증세가 심하다

7. 하루에 식사는 몇 회 하십니까?

☐ 1회　　　☐ 2회　　　☐ 3회

☐ 4회　　　☐ 5회 이상　　☐ 불규칙함

8. 아침식사는 제대로 하십니까?

☐ 예　　　☐ 가끔 거른다　　☐ 아니오

9. 늘 일정한 시간에 식사를 하십니까?

☐ 예　　　☐ 가끔 불규칙적이다　　☐ 아니오

10. 식사속도가 어떻습니까?

식사하는 데 약 ＿＿＿분 정도 걸린다.

☐ 천천히 한다　　☐ 보통이다　　☐ 빨리 한다

11. 식사를 할 때, 어느 정도까지 음식을 섭취하십니까?

　　□ 포만감을 느낄 때까지 먹는다

　　□ 적당하게 먹는다

　　□ 늘 조금 부족한 듯하게 먹는다

12. 매끼 중 식사량이 가장 많은 것을 1번으로 하여 순서대로 적어주세요

　　아침 (　　)　　　점심 (　　)　　　저녁 (　　)　　　야식 (　　)

13. 한 끼의 식사에서 밥과 반찬 중 어느 쪽의 양이 더 많습니까?

　　□ 밥(밥, 빵, 국수 등)　　　　　□ 반찬

　　□ 밥과 반찬을 같은 정도로 먹는다

14. 간식을 드십니까?

　　□ 매일 먹는다　　□ 가끔 먹는다　　□ 거의 먹지 않는다

15. 간식을 드시는 시간은 주로 어느 때입니까?

　　□ 아침과 점심 사이　　　□ 점심과 저녁 사이

　　□ 저녁 식사 이후　　　　□ 특정한 때가 없다

16. 간식으로 주로 드시는 것은 무엇입니까?

　　□ 아이스크림, 초콜릿, 케이크, 빵류, 과자류

　　□ 닭튀김, 감자튀김, 야채튀김과 같은 튀김류

　　□ 떡볶이, 순대, 라면과 같은 분식류

　　□ 과일류　　　□ 우유　　　□ 탄산음료/스포츠음료　　　□ 기타

17. 곡류음식(밥, 빵, 국수, 감자, 고구마 등)을 하루에 몇 회 드십니까?

　　□ 3회 이상　　　　□ 2회　　　　□ 1회 이하

18. 생선, 고기, 계란, 콩, 두부 등으로 만든 반찬을 하루에 몇 회 드십니까?

　　□ 3회 이상　　　　□ 2회　　　　□ 1회 이하

19 채소류, 해조류, 버섯류 등으로 만든 반찬을 하루에 몇 회 드십니까?

　　□ 3회 이상　　　　□ 2회　　　　□ 1회 이하

20. 튀김, 전, 볶음 등이나 기름을 사용한 음식을 하루에 몇 회 드십니까?

    □ 3회 이상   □ 2회   □ 1회 이하

21. 우유 및 유제품(치즈, 요구르트)을 얼마나 드십니까?

    □ 1주일에 6~7일   □ 1주일에 3~5일   □ 1주일에 0~2일

22. 과일을 얼마나 드십니까?

    □ 1주일에 6~7일   □ 1주일에 3~5일   □ 1주일에 0~2일

23. 주식(밥, 빵 또는 국수 등), 야채반찬(나물, 생채, 샐러드, 김치 중 하나), 육류반찬(생선, 고기, 계란, 두부, 콩 중 하나) 이 골고루 배합된 식사를 하루에 몇 회나 하십니까?

    □ 3회 이상   □ 2회   □ 1회 이하

24. 가공식품, 반 가공식품, 인스턴트식품을 자주 드십니까?

    □ 아니오   □ 가끔   □ 예

25. 단 음식(과자, 초콜릿, 꿀, 엿, 아이스크림, 청량음료 및 설탕을 많이 넣은 음식과 음료)을 많이 드십니까?

    □ 아니오   □ 보통   □ 예

26. 짠 음식, 밑반찬, 젓갈류, 장아찌, 자반, 김치 등을 드시거나 식탁에서 간장, 소금을 추가로 사용하십니까?

    □ 아니오   □ 보통   □ 예

27. 기름이 많은 고기(삼겹살이나 갈비류), 생크림, 버터, 파이 등을 자주 드십니까?

    □ 아니오   □ 보통   □ 예

28. 계란, 어육류의 내장, 오징어 등을 자주 드십니까?

    □ 아니오   □ 보통   □ 예

29. 현재 본인의 식사가 건강/운동능력 향상에 도움이 되고 있다고 생각하십니까?

☐ 예　　　　　　☐ 아니오

30. 합숙 기간 중에 습관적으로 복용하고 계신 약이 있으십니까?

☐ 예　　　　　　☐ 가끔　　　　　　☐ 아니오

(1) 있으시다면 구체적으로 ∨표해 주십시오

☐ 한약 (☐ 녹용　☐ 보약　☐ 개소주　☐ 기타 ________)

구체적인 제품이름: ____________________________

1회, 1일 복용량: ____________________________

합숙 ________일 전/째부터 복용하였다.

☐ 영양보충제

　　(☐ 단백질보조제　　☐ 종합비타민　　☐ 비타민A

　　☐ 비타민C　　☐ 비타민B_{12}　　☐ 비타민B복합 보조제

　　☐ 비타민D　　☐ 비타민E　　☐ 칼슘보조제

　　☐ 철분보조제　　☐ 기타)

구체적인 제품이름: ____________________________

1회, 1일 복용량: ____________________________

합숙 ________일 전/째부터 복용하였다.

☐ 건강보조식품

　　(☐ 인삼　　☐ 홍삼　　☐ 로얄제리

　　☐ 꿀　　☐ 각종효소식품　　☐기타)

구체적인 제품이름: ____________________________

1회, 1일 복용량: ____________________________

합숙 ________일 전/째부터 복용하였다.

(2) 약을 복용하는 이유는

　　☐ 부모/선배/코치의 권유

　　☐ 식사만으로는 영양이 불충분할 것 같아서

    □ 운동능력을 최대로 발휘하기 위해서

    □ 특별한 이유는 없다

    □ 남들도 다 먹으니까　　□ 기타

  (3) 구입경로

    □ 부모의 권유　　　□ 직접 구입　　　□ 기타

31. 합숙 기간 중에 복용하는 약을 평소에 복용하십니까?

    □ 예

    □ 종류에 따라 다르다 (______은 평소에도 복용하고 있다)

    □ 아니오 (오프 – 시즌 동안은 약을 복용하지 않는다)

32. 합숙 기간 중 커피(홍차 또는 녹차)를

    □ 2~3일에 한 잔 또는 거의 안 마신다.

    □ 하루에 한 잔 정도 마신다.

    □ 하루에 2~3잔 정도 마신다.

    □ 하루에 4~5잔 이상 마신다.

 ★ 커피 한 잔에 커피, 설탕, 프림은 얼미나 넣습니까?

 원두커피 / 자판기커피 /(커피___,: 설탕___ : 프림___스푼)

33. 합숙 기간 중 술은 마십니까?

    □ 마신다: (1) 주로 마시는 술 종류 ________________

           (2) 1회 음주량 ______컵 또는 ______병

           (3) 음주횟수 (1주일에 ___회, 또는 1달에 ____회)

           (4) 시합 기간 중 주로 언제 마십니까?

           (5) 음주 기간 (______세 때부터, ____년간)

    □ 시합 기간 중에는 마시지 않는다

           (1) 그 이유는 __________________

    □ 원래 마시지 않는다

34. 합숙 기간 중 담배를 피웁니까?

  □ 피운다

  (1) 하루 평균 ______개비 또는 ______갑

  (2) 하루 중 주로 어느 때 피우게 됩니까? (시합 기간 중)

    □ 아침에 일어난 후   □ 식사 후

    □ 시합 전   □ 시합 후

    □ 아무 때나   □ 기타

  □ 시합 기간 중에는 피우지 않는다

  (1) 그 이유는 ____________________

  □ 원래 피우지 않는다

35. 시합이나 연습 중 갈증해소 방법은 주로

  □ 얼음이나 물로 입을 헹군다

  □ 시원한 정수기 물을 마신다

  □ 보리차를 마신다

  □ 스포츠 이온음료를 마신다

  □ 물을 잘 마시지 않는다

B-3. 영양지식 및 인지도 조사

해당란에 ∨표 해주시고, 기입란에는 구체적으로 적어 주십시오.

1. 영양에 관련된 과목을 배운 적이 있습니까?

　　□ 예　(1) 수강 과목명:

　　　　　　□ 식생활과 건강　□ 스포츠영양학

　　　　　　□ 기타 ________

　　　　(2) 그 효과는 어떠했습니까?

　　　　　　□ 운동을 하면서 잘못 알았던 영양지식을 알 수 있었다.

　　　　　　□ 재미는 있었다.

　　　　　　□ 수업을 들었지만 내용은 잘 모르겠다.

　　　　　　□ 수업시간을 많이 참석하지 않아 잘 모르겠다.

　　　　　　□ 운동선수와 영양은 별 관계가 없는 것 같다.

　　□ 아니오

2. 영양에 대해 관심이 있으십니까?

　　□ 예　　　　□ 보통　　　　□ 아니오

3. 영양에 관한 정보 또는 지식을 많이 알고 있습니까?

　　□ 예　　　　□ 보통　　　　□ 아니오

4. 영양에 대해 주로 관심 있으며, 알고 있는 주제는 무엇입니까?
(2가지를 선택해 주세요.)

　　□ 경기 전 식사　　　　□ 체중조절 식사

　　□ 영양보충제　　　　□ 경기 중의 식사

　　□ 근육량 증가시키는 식사　　□ 글리코겐 저장 식사

　　□ 수분섭취방법　　　　□ 올바른 식사

　　□ 기타

5. 영양에 관한 정보는 주로 어디에서 얻습니까? (2가지를 선택해 주세요.)

☐ 코치와 트레이너　　☐ 운동선배

☐ 부모나 가족　　☐ 수업시간이나 교과서

☐ 건강 관련 책　　☐ 대중매체(신문,잡지,TV)

☐ 영양전문가나 영양사　　☐ 의사

6. 영양이나 건강에 대한 지식을 실제 식생활에 응용하려고 노력하십니까?

☐ 적극적으로 노력한다　　☐ 그저 그렇다　　☐ 전혀 아니다

다음 문항들은 맞는다고 생각되시면 ○표를, 틀리다고 생각되시면 ×표를 해주세요.

문 항	○ / ×
(1) 탄수화물, 단백질, 비타민은 3대 열량영양소이다.	
(2) 찐 감자, 감자국, 감자튀김, 감자조림은 모두 100kcal을 낸다.	
(3) 달걀은 단백질의 좋은 급원이다.	
(4) 음식 중에서는 지방(튀김, 삼겹살 등)을 먹을 때만 살이 찐다.	
(5) 감자, 딸기, 밀감류는 비타민C가 풍부한 좋은 식품이다.	
(6) 밥을 천천히 먹으면 빨리 먹는 것보다 살이 더 찐다.	
(7) 두부에 있는 단백질은 살코기에 있는 단백질보다 질이 나쁘다.	
(8) 쌀밥, 빵, 감자와 같이 탄수화물이 풍부한 음식은 단지 칼로리 외에 다른 영양소가 적다.	
(9) 살코기는 철분의 급원식품으로 좋다.	
(10) 우유의 성분 중 좋은 영양소는 단백질과 칼슘이다.	
(11) 경기 직전에 사탕, 꿀을 섭취하면 운동량이 증가되어 좋다.	
(12) 단백질이 풍부한 고기를 많이 먹으면 체내의 근육 생성에 큰 도움이 되어 운동능력이 좋아진다.	

(13) 운동선수들은 일반인보다 많은 염분(소금)섭취를 필요로 한다.	
(14) 사우나 후에 줄어든 몸무게는 지방량이 줄어든 것이 아니고, 몸의 수분량이 줄어든 것이다.	
(15) 선수들은 연습 시 수분섭취가 필요하지 않고, 단지 입을 헹구거나 얼음을 핥는 것으로 충분하다.	
(16) 경기 전 식사는 3-4시간 전에 하는 것이 좋다.	
(17) 식사 중에 고기(단백질)보다 밥, 감자, 고구마(복합탄수화물)를 먹는 것이 근육 내 글리코겐의 함량이 많다.	
(18) 귤은 체지방을 연소시키므로 체중감량에 좋다.	
(19) 단시간에 단 음식(사탕, 콜라, 초콜릿)을 섭취하면 경련이나 근육의 지나친 이완이 올 수 있다.	
(20) 지방이 없거나 적은 식사가 최고의 식사이다.	
(21) 식품이 영양소를 충분히 공급해 줄 수 없으므로 비타민 보조제 섭취를 하는 것이 좋다.	
(22) 적당한 칼슘섭취는 뼈를 튼튼하게 하고 골절을 예방할 수 있다.	
(23) 체중을 줄여야 할 경우에는 물을 적게 마셔서 살을 뺀다.	
(24) 고온에서 운동 시 소금정제를 반드시 섭취해야 한다.	
(25) 단기간에 운동능력을 높이기 위해서는 쇠고기, 돼지고기만으로는 충분한 근력 향상을 기대하기 어려우므로 단백질제재(보충제)를 먹는 것이 좋다.	

B-4. 식품 섭취 빈도조사

식품별 섭취 상태를 조사하기 위한 것입니다.

제시하는 식품들에 대해 섭취하였던 빈도를 항목별로 표시하여 주시기 바랍니다.

작 성 일 자: _________ 년 ____ 월 ____ 일   성 명: _________

	거의 먹지 않음	달 2-3 회	주 1 회	주 2-3회	주 4-6회	일 1회	일 2회 이상
쌀밥							
잡곡밥(현미, 율무, 보리, 찹쌀, 수수, 팥, 밤)							
콩밥(완두, 검은 강낭콩)							
국수나 수제비							
식빵							
시루떡, 인절미							
옥수수							
고구마, 감자							
쇠고기							
돼지고기							
닭고기							
고등어 참치(생선)							
가자미 복어 광어 조기 동태 도미							
새우							
오징어(물, 건, 젓갈)							
뱅어포, 멸치							

	거의 먹지 않음	달 2-3 회	주 1 회	주 2-3회	주 4-6회	일 1회	일 2회 이상
낙지							
조개(젓갈)							
햄							
달걀, 메추리알							
두부							
꽁치, 민어, 병어, 삼치, 임연수어, 연어, 갈치, 청어							
장어							
치즈							
소갈비							
소꼬리							
런천미트, 소세지							
참치통조림							
무							
도라지, 더덕							
버섯							
깻잎							
가지							
깍두기							
고사리							
당근							
근대							
물미역							
콩나물							
시금치							
양배추							
배추김치							
호박							
오이							

	거의 먹지 않음	달 2-3 회	주 1 회	주 2-3회	주 4-6회	일 1회	일 2회이상
상추							
김							
우유							
두유							
요구르트							
바나나							
포도 (주스)							
단감							
귤, 오렌지(주스)							
배							
사과 (주스)							
자몽, 멜론							
토마토							
김밥							
라면							
피자							
핫도그							
햄버거							
후라이드 치킨							
크랙커							
감자칩							
아이스크림							
케이크류							
초콜릿							
캐러멜, 사탕							
도넛							
참기름, 들기름							
식용유							
버터, 마가린							
마요네즈							
베이컨							
잣, 호두, 땅콩							
커피							
녹차							

	거의 먹지 않음	달 2-3 회	주 1 회	주 2-3회	주 4-6회	일 1회	일 2회이상
콜라, 사이다							
이온음료							
막걸리							
맥주							
소주							
레몬소주							
양주							
칵테일							

B-5. 1일 음식섭취량 조사표

날짜: ___ 월 일 (   )   이름: ______

　이 기록표는 하루 동안의 식사 섭취량을 조사하여 귀하의 영양 상태를 알아보기 위한 것입니다.

재료명	눈대중 분량	식사 구분	음식명	재료명	눈대중 분량	식품 CODE
식빵	2쪽					
쨈	작은 술 2					
마아가린	작은 술 2					
우유	1컵	아				
햄	1쪽	침				
계란	1개					
기름	작은 술 1					
사과	1/2개					
쌀밥	1공기					
쇠고기	2점					
무	5-6쪽	점				
삼치	(소)1토막	심				
시금치	1/2접시					
깍두기	5쪽					
잡곡밥	1공기					
콩나물	1/2대접					
된장	작은 술 2					
동태포	4점					
밀가루		저				
식용유	작은 술 2	녁				
쇠고기	3쪽					
간장						
깻잎	5장					
배추김치	5점					
귤	1개					
커피	1컵					
설탕	작은 술 2	간				
프림	작은 술 2	식				
요구르트	1개					

Appendix C

등속성 근력(Isokinetic) 용어 정의

1) **피크토크(Peak torque)**: 등속성 근력 측정에서 사용되는 근력의 최대일량으로 축(dynamometer)을 중심으로 힘이 가해지는 지점으로부터의 거리와 작용점이 수직으로 작용하는 근력의 최대치를 의미하며, 등속성 근력의 측정단위로서 foot pound(ft)나 newton meter(Nm)를 사용한다.

2) **피크토크의 체중비(Peak torque % body weight)**: 각각의 부하속도에서 발휘된 peak torque를 체중으로 나눈 값으로 단위는 %로 나타낸다.

3) **평균파워(Average power)**: 근육이 단위 시간당 발휘한 일의 양을 나타낸 것(force×distance/time)으로 단위는 watt이다.

4) **평균파워의 체중비(Average power %)**: 평균 파워를 체중으로 나누어 %로 나타낸 값이다.

5) **근 지구력비(Endurance ratio)**: 본 연구에서는 270°/sec에서 20회 굴곡 및 신전 운동을 수행한 후 전반기 3회의 총 일량을 후반기 3회의 총 일량으로 나누어서 100을 곱해준 비율로 단위는 %이다.

6) **총 일량(Total word J)**: 최고 일 반복에서 피검자에 의해 수행되어진 총 일량을 나타낸다.

7) **총 일량의 체중비(Total work %)**: 부하속도 270°/sec에서 20회 신전 및 굴곡 반복 운동 시 일량의 합을 체중으로 나눈 값이며 단위는 %로 나타낸다.

Appendix D

2003년도 한국영양학회 추계학술대회

태권도 선수의 영양소 섭취 상태, 체중감량 실태 및 BCAA 보충이 근파워에 미치는 영향

김지현(경희대학교 식품영양학과)

조여원(경희대학교 동서의학대학원, 임상영양연구소)

서론: 태권도는 유산소 운동과 무산소 운동을 반복하며 고강도의 체력 훈련을 하여야 함으로 에너지의 요구량이 높으며, 또한 단시간 내에 승부를 가려야 하는 부담감과 스트레스로 단백질의 요구가 많은 운동이다. 태권도는 체급 경기임으로 경기 전에 급격한 체중감량이 불가피하다. Branched-chain amino acid(BCAA)는 근육에서 대사되며, 근육단백질 합성에 필수적인 아미노산이다. 본 연구에서는 태권도 선수들의 영양소 섭취 상태, 체중감량 실태를 조사하고, BCAA 보충제를 12주간 공급한 후 체력에 미치는 영향을 분석하고자 하였다.

방법: 대학교 태권도 선수 48명으로 대상으로 영양소 섭취 상태, 체중감량 조사를 설문지를 통해 실시하였고, 각각 16명씩 3그룹으로 나누어 BCAA 보충제 5g/day 섭취군, 2.5g/day 섭취군, 플래시보군으로 12주간 intervention study를 실시하였다. 실험 시작 시와 12주에 영양소섭취 상태, 체중감량 실태, 무기적 파워, 각근신전 파

워 및 싸이벡스 등을 측정하였다.

결과 대상자의 평균연령, 신장, 체중, 운동경력은 각각 19세, 178.2cm, 74.5kg, 8년 9개월이었다. 대상자의 총 열량 섭취량은 태권도 남자 선수의 1일 섭취권장량인 4,500kcal(KSSI, 1999)에 비해 매우 낮은 섭취량을 보였으며, 단백질 섭취는 86g~102.7g로 조사되었다. 칼슘과 Vit B$_2$, 철분, Vit B$_1$, 나이아신 등 모두 권장량에 미치지 못하는 것으로 조사되었다. 체중감량 실태조사 결과 대부분의 선수들은 체중감량을 위한 교육을 받은 경험이 없었으며(63.8%), 체중감량을 처음 실시한 나이는 12.6세, 체중감량의 빈도는 51.1%가 매 경기 출전마다 실시하였다. 또한 95.4%의 선수들이 자기 스스로 체중감량방법을 결정하여 실행하고 있었으며, 체중감량 후 신체 징후는 갈증 95.5%, 피로 86.4%, 빈혈 77.3%, 탈진 및 근경련도 각각 54.6%, 31.8%로 조사되었다. 근력측정 결과 최대 무기적 파워에서 5g/day BCAA 보충제를 공급받은 군에서 2.5g/day 보충군이나 대조군에 비해 유의하게 높았다(17.5w/kg, 18.7w/kg vs 20.4w/kg, p<0.05). 또한 근파워측정(Cybex 오른쪽 60°/sec extension power) peak torque(newton meter)에서 5g/ day BCAA 보충제를 공급받은 군에서 유의하게 높았다(187.5NM, 196.7 NM vs 215.2NM, p<0.05). 그러나 각근신전 파워에서는 BCAA보충제의 효과가 관찰되지 않았다.

결론: 태권도 선수들의 경우 영양지식이 부족하고, 교육을 받을 수 있는 기회가 없으므로 선수들과 일선 지도자들을 위한 교육 시스템이 절실히 요구되며, 개개인에 적합한 체중감량으로 경기력 향상에 기여할 수 있는 방안이 필요하므로 BCAA 보충제 섭취에 대한 과학적 근거 제시가 필요하다고 사료된다.

Appendix E.

2004년도 한국영양학회 춘계학술대회

태권도 선수에서 12주간의 BCAA 보충이 혈중 amino acid profile에 미치는 영향

김지현(경희대학교 식품영양학과)
박태선(연세대학교 식품영양학과)
조여원(경희대학교 동서의학대학원, 임상영양연구소)

서론: 태권도 선수들은 고강도의 체력 훈련을 위하여 유·무산소성 트레이닝을 반복 실시하며, 체중조절로 인해 식이 섭취 제한이 불가피하므로 체내 에너지의 불충분을 초래한다. 또한 종목 특성상 부상이 잦으며, 그에 따른 스트레스도 적지 않아 식사 외에 단백질의 충분한 보충이 필요하다. 본 연구에서는 근육단백질 합성에 필수적인 branched-chain amino acid (BCAA)를 보충한 후 혈액 아미노산 농도에 어떤 영향을 미치는가를 조사하였다.

방법: 대학교 태권도 선수 48명으로 대상으로 각각 16명씩 3그룹으로 나누어 BCAA 보충제 5g/day 섭취군(FS), 2.5g/day 섭취군(HS), 플래시보군(PS)으로 12주간 연구를 실시하였으며, 혈중 amino acid profile을 측정하고, 24 hr urine을 검사하였다.

결과: 혈중 leucine의 농도는 BCAA 보충제를 섭취한 HS군과 FS군에서 유의하게 증가하였으며(149.2μ mol/L, 144.6μ mol/L vs 163.1

μ mol/L, 162.5μ mol/L), valine 농도도 HS군과 FS군에서 유의하게 증가하였다(265.8μ mol/L, 258.8μ mol/L vs 290.9μ mol/L, 290.7μ mol/L). 혈중 isoleucine 농도는 세 군 모두에서 유의하게 증가하였다(79.3μ mol/L, 65.5μ mol/L, 63.8μ mol/L vs 94.2μ mol/L, 84.7μ mol/L, 84.1μ mol/L). 한편 혈중 필수아미노산인 histidine 농도는 PS군과 HS군에서 12주 후 유의하게 감소하였으나, FS군에서는 보충 후 유의하게 증가하였다. Lysine은 모든 군에서 증가하였으며, methionine과 phenylalanine 도 모든 군에서 증가하였다. Threonine의 경우 HS군과 FS군에서 유의하게 증가하였다. 혈중 불필수 아미노산의 (alanine, glycine tyrosine, glycine) 농도는 HS군과 FS군에서 보충 후 유의하게 증가하였다. 뇨 중 isoleucine과 valine 농도는 보충 전과 후에 차이가 없었으나, leucine의 경우, PS군과 FS군에서 유의하게 증가하였다(15.6nmol/mg, 19.1nmol/mg vs 45.5nmol/mg, 38.4nmol/mg). 뇨 중 불필수 아미노산의 경우, alanine이 보충 후 FS군에서 유의하게 증가하였으며(216.9nmol/mg vs 274.0nmol/mg), arginine은 PS군에서 유의하게 증가하였다(18.2nmol/mg vs 25.7nmol/mg). 또한 cysteine은 보충 후 HS군에서 유의하게 감소하였다(59.9nmol/mg vs 51.3nmol/mg). 혈중 BUN의 경우, PS군과 FS군에서 보충 후에 유의하게 증가하였고 (14.4mg/dl vs 18.3mg/dl), 뇨에서는 모든 그룹에서 유의성 있게 감소하였다(6.3g/day, 7.0g/day, 7.4g/day vs 3.7g/day, 4.2g/day, 5.1g/day). 또한 뇨 중 creatinine의 경우, 보충 후 PS군과 HS군에서 유의하게 감소하였다(1.36mg/day, 1.44mg/day vs 0.76mg/day, 0.93mg/day).

결론: 태권도 선수들의 BCAA의 보충제 섭취 결과, 보충한 군에서 혈중 BCAA 농도가 증가하였으며, 이는 식이제한과 과도한 훈

련으로 인해 에너지 손실이 큰 태권도 선수들에게 단백질 합성에 필수적인 BCAA 보충 섭취시킴으로써 경기력을 향상시키는 데 도움이 될 것으로 사료된다.

Appendix F.

2004년도 한국운동영양학회 춘계학술대회

태권도 선수들의 혈중 지질농도 및 영양소 섭취 상태, 체중감량실태 조사

김지현(경희대학교 식품영양학과)*
조여원(경희대학교 동서의학대학원, 임상영양연구소)

I. 서 론

운동선수들의 경기수행능력은 선천적인 자질과 과학적인 프로그램을 통한 트레이닝에 의해 발휘되며, 선수 개인의 자질과 트레이닝을 통하여 습득된 기량의 발휘는 힘의 근원인 열량과 영양소의 충분한 섭취 없이는 이루어질 수 없다. 충분한 영양공급은 선수들의 경기력 향상 및 운동수행능력 증가뿐만 아니라 심리적 안정과 훈련 후의 피로를 감소시킨다. 따라서 경기 전·후의 영양소 섭취 상태는 운동수행에 매우 중요하며 특히 체중조절이 불가피한 체급경기 선수들에서는 더욱 중요하다. 또한 적절한 영양공급을 통한 선수들의 체력관리는 선수들 개개인이 가지고 있는 최대 기량을 발휘할 수 있는 원동력이 될 수 있다. 많은 연구에서 각종 운동선수들을 위한 차별화된 영양관리에 대하여 연구가 진행되고 있다.

그러나 종목별, 개인별 그리고 트레이닝 특성에 따른 영양관리에 대한 지침은 아직 마련되어 있지 않은 실정이다.

최근 운동선수들은 특정 영양소가 운동수행능력에 영향을 미치는 것으로 생각하고 많은 관심을 보이고 있다. 즉 스스로 식사 조절을 하거나 특별한 식품 또는 영양보충제를 섭취하고 있다. 그러나 선수들이 섭취하고 있는 식품이 운동수행에 실질적으로 어떤 영향을 미치는 지에 대한 과학적인 연구는 미비하다. 따라서 운동선수들을 위한 전문적이고 과학적인 영양관리를 위한 연구가 요구된다. Shoaf 등(1986)은 대학교 운동선수들이 영양교육을 받을 기회는 매우 적으며, 주요 영양지식을 부모나 코치, 매스컴 등에서 얻고 있었으며, 이를 시행함으로 운동수행에 도움이 되는 것으로 믿고 있다고 지적하면서 대학에서 영양학 교육의 필요성을 강조하였다. Steen & McKinney (1986)도 운동선수들의 기초적인 영양지식은 매우 낮으며, 특정 식품의 잘못된 효과나 민간요법 등을 신뢰하고 있는 것으로 보고하였다. 특히 레슬링 선수들은 고단백질 식품을 선호하여 탄수화물 식품은 되도록 제한하고 있었으며, 단백질은 지방으로 전환되지 않는 것으로 인지하고 있었다. 또한 수분섭취가 훈련이나 운동수행 시에 필수적인 것으로 알고 있는 선수는 매우 적은 것으로 보고하였다.

운동선수와 영양문제에 관한 국내 연구로는 국가대표선수의 경기력 향상을 위한 식단구성에 대하여 이명천 등(1992)이 연구한 바 있으며, 운동선수에 대한 영양교육의 필요성 및 운동선수들의 영양지식 및 영양정보에 관하여 우순임 등(1997)에 의해 조사된 바 있다. 또한 체급종목 선수들의 체중조절 및 영양관리에 관한 연구에 대하여서는 이명천 등(1997)과 이장규 등(2001)이 조사한 바 있으며, 이들 연구에 의하면 운동선수들의 경기력 향상을 위해서는 지도자와 선수들 스스로 영양에 대해 관심을 갖고 올바른 영양소 섭취 및 경기력 향상을 위한 과학적인 프로그램을 실천해 가는 것이 가장 중요한 것으로 나타났다. 또한 선수들의 체중감량 실태조사를 통해 종목별, 개인별로 실행할 수 있는 프로그램 개발이 시급한 것으로 지적하였다.

본 연구는 태권도 선수들을 대상으로 혈중 지질 농도 및 영양소 섭취 상태를 파악하고 영양지식 인지도 및 체중감량 실태를 조사하여 경기력 향상을 위한 과학적인 영양 섭취 및 체중관리 방법에 대한 기초 자료를 얻고자 수행되었다.

· 저자 ·

김 지 현(金知賢)

· 약 력 ·

경희대학교 체육학 학사
경희대학교 건강관리학 석사
경희대학교 식품영양학 박사
(주)해즈인터내셔널 줄리엣짐 영양팀장
현재, 경희대학교 부설 임상영양연구소 선임연구원
경희대학교 동서신의학병원 'The Health Giving Shop' Manager
한국운동영양학회 평생회원
한국체육학회 회원

2003~2004년 경민대학 다이어트 정보과 "스포츠영양학" 출강
2004년 강남구청 보건소 "당뇨치료를 위한 식사요법 및 운동" 특강
2004년 의정부 및 동두천시 보건소 "올바른 식사섭취와 운동" 특강
2004~2006년 경희의료원 당뇨병정보센터, 내분비대사내과 주최
        "당뇨병 건강 걷기 대회" 운동 담당
2005년 굿데이 신문 "몸짱 프로젝트" 칼럼 연재
2005년 동아 케이블 TV "신데렐라 만들기" 출연
2006년 M-net 케이블 TV "I am a model" 출연
2006년 MBC "팔방미인" 출연
2006년 대한영양사협회 국민영양 스페셜 칼럼 게재

· 연구논문 ·

「Season 후 10일간의 Detraining이 식행동, 체력 및 혈중지질농도에 미치는 영향
  : 대학배구선수들을 중심으로」(1998년 석사학위논문)
「대학 태권도 선수의 시합 준비기 12주간의 BCAA 보충이 단백질 대사 및
  근파워에 미치는 영향」(2004년 박사학위논문)

태권도 경기를 위한 식습관 및 보조제의 필요성

• 초판 인쇄	2007년 4월 20일
• 초판 발행	2007년 4월 20일
• 지 은 이	김지현
• 펴 낸 이	채종준
• 펴 낸 곳	한국학술정보㈜
	경기도 파주시 교하읍 문발리 526-2
	파주출판문화정보산업단지
	전화 031) 908-3181(대표) · 팩스 031) 908-3189
	홈페이지 http://www.kstudy.com
	e-mail(출판사업부) publish@kstudy.com
• 등 록	제일산-115호(2000. 6. 19)
• 가 격	23,000원

ISBN　978-89-534-6595-4 93570 (Paper Book)
　　　　978-89-534-6596-1 98570 (e-Book)